海原县林木昆虫图鉴

HAIYUANXIAN LINMU KUNCHONG TUJIAN

张国芳◎主编

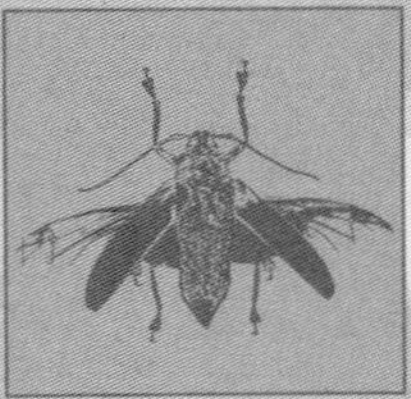

黄河出版传媒集团
阳光出版社

图书在版编目（CIP）数据

海原县林木昆虫图鉴 / 张国芳主编. -- 银川：阳光出版社, 2017.12
ISBN 978-7-5525-4153-3

Ⅰ. ①海… Ⅱ. ①张… Ⅲ. ①森林害虫 - 海原县 - 图集 Ⅳ. ①S763.3-64

中国版本图书馆CIP数据核字(2017)第327019号

海原县林木昆虫图鉴　　张国芳　主编

责任编辑　王　燕
封面设计　杨　坤
责任印制　岳建宁

黄河出版传媒集团
阳光出版社　出版发行

出 版 人　王杨宝
地　　址　宁夏银川市北京东路139号出版大厦（750001）
网　　址　http：//www.yrpubm.com
网上书店　http：//www.hh-book.com
电子信箱　yangguang@yrpubm.com
邮购电话　0951-5014139
经　　销　全国新华书店
印刷装订　宁夏凤鸣彩印广告有限公司
印刷委托书号　（宁）0007668

开　　本　880mm × 1230mm　1/32
印　　张　6.25
字　　数　200千字
版　　次　2017年12月第1版
印　　次　2017年12月第1次印刷
书　　号　ISBN 978-7-5525-4153-3
定　　价　49.80元

目 录

海原县林业非有害生物

天敌昆虫

鞘翅目

虎甲科

瓢虫科

步甲科

双翅目

食蚜蝇科

半翅目

猎蝽科

瘤蝽科

姬蝽科

脉翅目

蚁蛉科

资源昆虫

蜚蠊目

地鳖科

膜翅目

蜜蜂科

鞘翅目

粪金龟科

皮金龟科

前　言

海原县位于宁夏中部干旱带，地处黄土高原鄂尔多斯盆地过渡带，降雨量 300~450mm，蒸发量 2000~2700mm，湿热的不同步常常导致“十年九旱”，“三年两头旱”，风大沙多，全年平均大风日数 29 天，水土流失严重，流失面积 4488km^2，占总土面积的 81%，平均沟壑密度 3km/km^2，每年流失地表土 1417 万吨，水资源短缺，地下水储量 3807 万方，人均仅 102m^3，干旱地区人口密度临界值 7~12 人 /km^2，2010 年底海原县人口密度超过 55 人 /km^2，土地垦殖居高不下，土壤退化，植被稀疏，生态环境脆弱。

海原林业经过起伏式发展，二类清查时，有林地面积 12.83 万亩，天然林 4.36 万亩，人工林 8.47 万亩（其中乔木林地 2.8 万亩，灌木林地 5.67 万亩）。近年随着我国西部大开发战略的实施，特别是对生态环境建设的重视，先后启动实施了天然林保护工程、退耕还林工程、“三北”防护林四期工程等三大林业工程，海原县林业迎来了新的发展契机，截至 2015 年年底累计完成人工造林 170.08 万亩；完成退耕还林 139.3 万亩，其中退耕 61.1 万亩，荒山 78.2 万亩；完成以水源涵养林为主的三北四期工程 17.33 万亩，生态移民区造林 13.05 万亩；森林覆盖率为 9.22%，生态效益明显增强。南华山水源涵养林效果已被社会公认，南部以月亮山为代表的六盘山外围水源涵养林功能不断完善，凤凰山、南华山、月亮山三大生态体系逐步形成；累计治理水土流失面积近百万亩，增加蓄水 300 万吨。2015 年完成林业产值 21706 万元，年人均 463 元。集体林权改革和生态移民区生态恢复走在了宁夏全区的前列。全县 146.7 万亩的林地纳入天然林保护工程范围。

通过连续三年普查，2014—2016 年完成统计的种类共计 202 种，采集林业有害生物标本 2934 个，经过专家鉴定记述海原林业有害生物 130 种，其中害虫 5 目 52 科 123 种，病害 3 种，发现宁夏新记录种 4 种；海原林业非有害生物 72 种，其中天敌昆虫 4 目 8 科 27 种，资源昆虫 3 目 5 科 6 种；其他昆虫 3 目 11 科 37 种，发现宁夏新纪录 2 种。

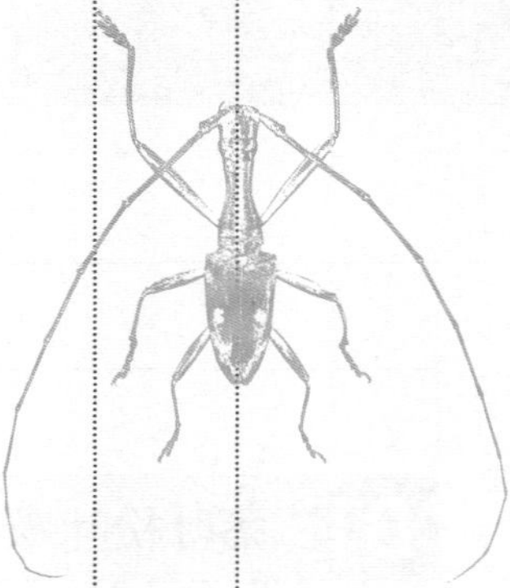

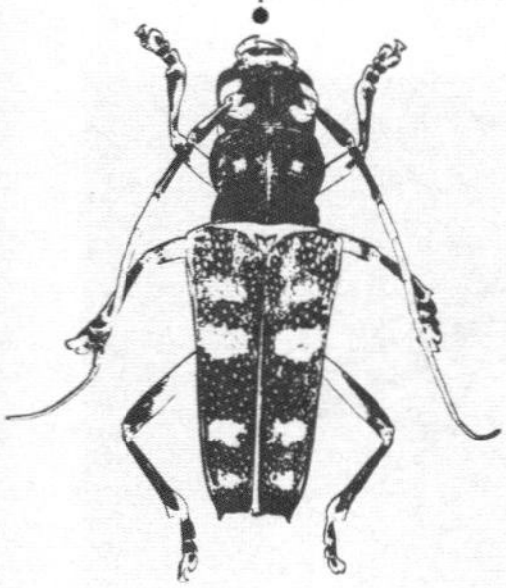

海原县林业有害生物名录

HAIYUANXIAN LINYE YOUHAI SHENGWU MINGLU

本次普查共发现海原县各类有害生物 125 种，其中害虫 5 目 50 科 122 种，病害 3 种，发现宁夏新记录种 4 种。

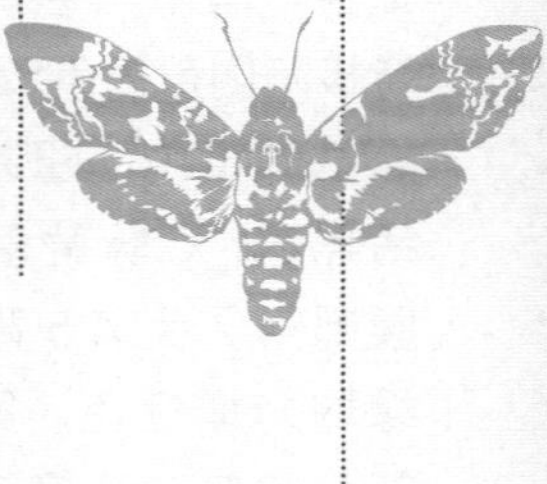

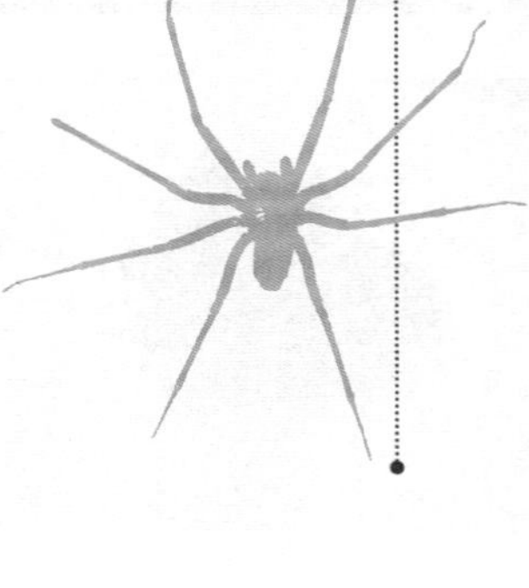

虫害

膜翅目

叶蜂科

01 落叶松叶蜂 *Pristiphora erichsongnii* Harting

分布：涵养林总场。

寄主：落叶松。

形态特征：成虫雌虫体长 8.5~10mm。体黑色，有光泽。头黑色，触角茶褐色，唇基黑色，上唇黄色。前胸背板两侧黄褐色；中胸、后胸黑色。翅基片黄色；翅淡黄色，透明，翅痣黑色，C 脉黄色，其余脉褐色。腹部第 2 至第 5 背板、第 6 背板前缘均为橘红色，第 1、第 6 背板大部分和第 7 至第 9 背板黑色，第 2 至第 7 腹板中央橘红色。足黄色，前足、中足基节、中足胫节端部，后足基节基部、腿节端部、胫节端部、跗节，均为黑色。爪褐色。锯鞘黑褐色，尾须和锯鞘约等长。雄虫体长 8mm，黑色；触角黄褐色；腹部第 2 背板两侧、第 3 至第 5 及第 6 背板中央均为橘红色。

卵：长 1.3mm，宽 0.4mm。初产时

淡黄色，半透明，孵化前暗色。

幼虫： 体长 12~16mm。黑褐色，胸部和腹部背面墨绿色，腹面灰白色。胸足黑褐色。

蛹： 体长 9~10mm。初化蛹淡青色，透明，后变黑褐色。

茧： 长 12~13mm。初为白色，3~5d 后变橘黄色，逐渐变为暗褐色。

生活史： 1 年 1 代。4 月下旬越冬茧开始化蛹，5 月中旬成虫出现，5 月下旬出现卵。6 月上旬幼虫出现，7 月上旬以老熟幼虫落地结茧越冬。

发育历期： **幼虫期：** 20~25d，5 龄。发育起点温度 2.25 °C，有效积温 358.25°C。6 月 2~5 日幼虫开始出现，6 月 15~19 日是幼虫孵化的高峰期，第 1 龄 6d，平均死亡率达 52%；第 2~3 龄 9~11d，平均死亡率达 13%；第 4~5 龄 6~8d，平均死亡率达 3% 左右。危害至 7 月上旬以老熟幼虫下树结茧以预蛹的形式越冬。

预蛹期： 历期 323~328d，越冬后预蛹死亡率 18.4%。发育起点温度 0.00°C，有效积温 73.02°C。

蛹期： 历期 16~18d。发育起点温度 4.18°C，有效积温 76.48°C。

成虫期： 历期 2~3d。

卵期： 历期 19~21d，孵化率达 83%。发育起点温度 4.06°C，有效积温 127.4°C。

防治方法：

农业防治：营造混交林，加强抚育，增强树势，减少为害；幼龄幼虫群集叶上时，可采取人工捕捉方法。

生物防治：注意保护利用天敌，幼虫期可喷洒 0.5 亿 ~1.5 亿孢子苏云金杆菌。

化学防治：幼龄幼虫期可喷洒 2.5% 溴氰菊酯 5000 倍液，或 1.5% 的苦参·烟碱 1200 倍液，15% 毒赛灵 1∶1500 喷雾，均有很好效果。

直翅目

螽斯科

02 暗褐蝈螽 *Gampsocleis sedakovii* Obscura

分布：全县。

寄主：柠条（叶）。

形态特征：暗褐蝈螽又名“吱拉子”，体长 35~40mm。体形粗壮，中等偏大，体长 35~40mm，与优雅蝈螽相似，却比其小。体色通常为草绿或褐绿色。头大，前胸背板宽大，似马鞍形，侧板下缘和后缘镶以白边。前翅较长，超过腹端，翅端狭圆，翅面具草绿色条纹并布满褐色斑点，呈花翅状，故也称“花叫”；前胸背板侧板下缘和后缘无白色镶边。雌性颜色偏绿。

生活习性：成虫出现在初夏，可一直延续到 8~9 月，寿命 2~3 个月（不算卵期）。

蝼蛄科

03 东方蝼蛄 *Gryllotalpa orientalis* Burmeister

别名：拉拉蛄、土狗子、地狗子。

分布：全县。

寄主：林木（根）。

形态特征：卵：椭圆形。初产长约2.8mm，宽1.5mm，灰白色，有光泽，后逐渐变成黄褐色，孵化之前为暗紫色或暗褐色，长约4mm，宽2.3mm。

若虫：8~9个龄期。初孵若虫乳白色，体长约4mm，腹部大。2、3龄以上若虫体色接近成虫，末龄若虫体长约25mm。

成虫：体长30~35mm，灰褐色，全身密布细毛。头圆锥形，触角丝状。前胸背板卵圆形，中间具一暗红色长心脏形凹陷斑。前翅灰褐色，较短，仅达腹部中部。后翅扇形，较长，超过腹部末端。腹末具1对尾须。前足为开掘足，后足胫节背面内侧有4个距。

生活习性：

群集性：初孵若虫有群集性，怕光、怕风、怕水。东方蝼蛄孵化后3~6天群集一起，以后分散为害；华北蝼蛄初孵若虫3龄后方才分散为害。

趋光性：蝼蛄昼伏夜出，具有强烈的趋光性。利用黑光灯，特别是在无月光的夜晚，可诱集大量东方蝼蛄，且雌性多于雄性。故可用灯光诱杀之。华北蝼蛄因身体笨重，飞翔力弱，诱量小，常落于灯下周围地面。

但在风速小、气温较高、闷热将雨的夜晚，也能大量诱到。

趋化性：蝼蛄对香、甜物质气味有趋性，特别嗜食煮至半熟的谷子、棉籽及炒香的豆饼，麦麸等。因此可制毒饵来诱杀之。此外，蝼蛄对马粪、有机肥等未腐烂有机物有趋性，所以，在堆积马粪、粪坑及有机质丰富的地方蝼蛄就多，可用毒粪进行诱杀之。

趋湿性：蝼蛄喜欢栖息在河岸渠旁、菜园地及轻度盐碱潮湿地，有"蝼蛄跑湿不跑干"之说。东方蝼蛄比华北蝼蛄更喜湿。东方蝼蛄喜欢潮湿，多集中在沿河两岸、池塘和沟渠附近产卵。产卵前先在5~20cm深处作窝，窝中仅有1个长椭圆形卵室，雌虫在卵室周围约30cm处另作窝隐蔽，每雌产卵60~80粒。

蚱科

04 日本蚱 *Tetrix japonica* (Bolivar, 1887)

分布：全县。

寄主：柠条（叶）。

形态特征：体小型。体长雄性8~9mm，雌性9~13mm。头部突起，头顶稍突出于复眼前缘；颜面近垂直，纵沟深。触角丝状，着生于复眼下缘之间。侧单眼位于复眼中部略为偏下的内侧。前胸背板后突，短于腹部的长度；前翅卵形，后翅较为发达；前、中足股节上缘微弯，下缘近乎直，中足股节宽稍大于前翅，后足股节粗短，后足胫节第1节明显长于第3节。体黄褐色或暗褐色，前胸背板部分个体无斑纹，也有部分个体具有1~2对黑斑，有些个体具1对条状黑斑。雌性体较雄性大。中足股节的宽与前翅可见部分等宽。下生殖板长大于宽，亦有些个体长宽相等或宽大于长。产卵瓣外缘具小齿。

半翅目

大蚜科

05 柳瘤大蚜 *Tuberolachnus salignus* (Gmelin)

别名： 柳大蚜。

异名： *Lachnus salignus* (Gmelin)

分布： 全县。

寄主： 柳树（枝、叶）。

形态特征： 有翅蚜体长 4mm 左右，体灰黑色，被有细毛，翅透明，翅痣细长。腹管扁平，足暗红褐色，后足特长。无翅蚜体长 4mm 左右，体灰黑色，被有细毛，后足特长。腹部肥大，第五腹节背中央有锥形突起瘤，腹管扁平圆锥形，尾片半月形。

生活习性： 该蚜一年发生多代，以成虫在主干下部的树皮缝隙内越冬。翌年春季开始向上部活动，4~5 月大量繁殖盛发，形成灾害。树叶由于有层蜜露，太阳照射后，反光刺眼。树叶常有煤污病发生，树下黏液一层。7、8 月高温多雨，虫口密度明显下降。9、10 月再度猖獗为害，11 月下旬开始潜藏越冬。

防治方法：

(1) 现个别受害柳梢时，剪除并烧毁。

(2) 安置黄色胶版或黄色灯光诱杀。

(3) 喷洒 10% 吡虫啉可湿性粉剂 2000 倍液或烟草水 50~100 倍液，每周一次，连续喷 2~3 次。

瘿绵蚜科

06 榆绵蚜 *Eriosoma lanuginosum nuginosum* Zhang, 1980

分布： 全县。

寄主： 榆树（叶）。

形态特征: 有翅孤雌蚜。体长2.1mm，宽0.85mm。头、胸黑色，腹部淡色，第8节背片骨化灰黑色。体表光滑，头背中域有蜡片1对。体背多毛，第8腹节有长毛34根，毛长与触角第3节直径约等。中额稍凹，有1条头盖缝延伸后缘。喙短不及中足基节，第4、5节，有次生毛10~12根。第1跗节毛序3-3-3。前翅中脉分2叉，后翅有2条斜脉。腹管环状，围绕有毛12~16根，端径与尾片约等长。尾片半圆形，有粗短毛24根，尾板有毛20~32根。

生活习性： 1年多代。营异寄主全周期生活，3~5月危害榆树叶；5月中旬至6月中旬，以有翅干雌蚜迁飞到梨园，在梨树根梢产无翅孤雌蚜为害；10月初至11月初，又以性母蚜迁飞到榆树上产雌雄性蚜，交配后雌蚜产卵越冬；春季干母、无翅干雌、有翅干雌为害榆叶形成伪虫瘿。在叶背面危害，吸食植物汁液，叶向背面弯曲，皱缩，叶片逐渐变黄，变褐枯死。

防治方法：

（1）晚秋、早春树干、树冠喷洒吡虫啉2500倍液，10%氯氰菊酯3000倍液，48%毒死蜱1000倍液，70%灭蚜松1000倍液。

（2）人工摘除受害叶片。

蚜科

07 桃蚜 *Myzus persicae* (Sulzer, 1776)

别名：腻虫、烟蚜、桃赤蚜、油汉。

分布：全县。

寄主：杏树（叶）

形态特征：无翅孤雌蚜，体长约2.6mm，宽1.1mm，体色有黄绿色、洋红色。腹管长筒形，是尾片的2.37倍，尾片黑褐色；尾片两侧各有3根长毛。有翅孤雌蚜体长2mm。腹部有黑褐色斑纹，翅无色透明，翅痣灰黄或青黄色。

有翅雄蚜体长1.3~1.9mm，体色深绿、灰黄、暗红或红褐。头胸部黑色。卵椭圆形，长0.5~0.7mm，初为橙黄色，后变成漆黑色而有光泽。

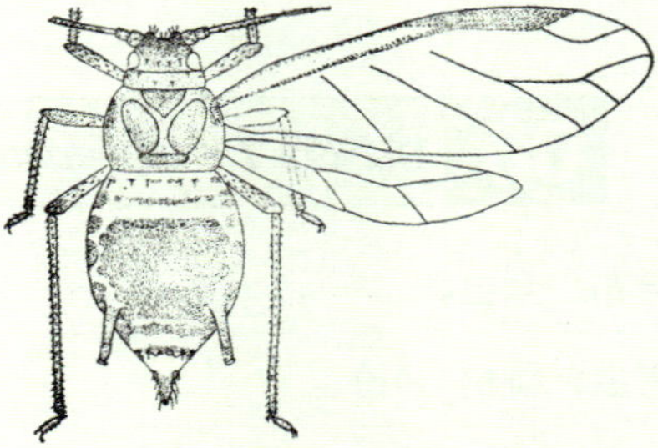

生活习性：桃蚜营全周期生活。早春，越冬卵孵化为干母，在冬寄主上营孤雌胎生，繁殖数代皆为干雌。当断霜以后，产生有翅胎生雌蚜，迁飞到十字花科、茄科作物等侨居寄主上为害，并不断营孤雌胎生繁殖出无翅胎生雌蚜，继续进行为害。直至晚秋，当夏寄主衰老不利于桃蚜生活时，才产生有翅性母蚜，迁飞到冬寄主上，生出无翅卵生雌蚜和有翅雄蚜，雌雄交配后，在冬寄主植物上产卵越冬。越冬卵抗寒力很强，即使在北方高寒地区也能安全越冬。桃蚜也可以一直营孤雌生殖的不全周期生活，比如在北方地区的冬季，仍可在温室内的茄果类蔬菜上继续繁殖为害。桃蚜的繁殖很快，海原一年发生10余代。春季气温达6°C以上开始活动，在越冬寄主上繁殖 2~3 代，于 4 月底产生有翅蚜迁飞到露地蔬菜上繁殖为害，直到秋末冬初又产生有翅蚜迁飞到保护地内。早春晚秋 19~20 天完成一代，夏秋高温时期，45 天繁殖一代。

一只无翅胎生蚜可产出 60~70 只若蚜，产期持续 20 余天。

08 桃瘤蚜 *Tuberocephalus momonis* (Matsumura, 1917)

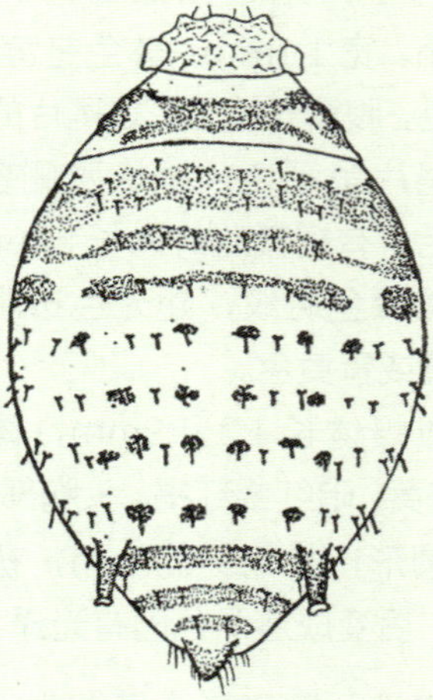

分布： 全县。

寄主： 桃树（叶）。

形态特征： 成虫有无翅胎生蚜和有翅胎生蚜之分。无翅胎生雌蚜体长 2.0~2.1mm，长椭圆形，较肥大，体色多变，有深绿、黄绿、黄褐色，头部黑色。额瘤显着，向内倾斜。触角丝状 6 节，基部两节短粗。复眼赤褐色。中胸两侧有瘤状突起，腹背有黑色斑纹，腹管圆柱形，有覆瓦状纹，尾片短小，末端尖。有翅胎生蚜体长 1.8mm，翅展约 5mm，淡黄褐色，额瘤显着，向内倾斜，触角丝状 6 节，节上有多个感觉孔。翅透明脉黄色。腹管圆筒形，中部稍膨大，有黑色覆瓦状纹，尾片圆锥形，中部缢缩。

若虫与无翅胎生雌蚜相似，体较无翅胎生蚜

小，有翅芽，淡黄或浅绿色，头部和腹管深绿色。
卵椭圆形，黑色。

生活习性：桃瘤蚜1年发生10余代，有世代重叠现象。以卵在桃、樱桃等果树的枝条、芽腋处越冬。次年寄主发芽后孵化为干母。群集在叶背面取食为害，大量成虫和若虫藏在似虫瘿里为害，给防治增加了难度。5~7月是桃瘤蚜的繁殖、为害盛期。此时产生有翅胎生雌蚜迁飞到艾草等菊科植物上为害，晚秋10月份又迁回到桃、樱桃等果树上，产生有性蚜，交尾产卵越冬。

防治方法：

农业防治：冬季修剪虫卵枝，早春要对被害较重的虫枝进行修剪，夏季桃瘤蚜迁移后，要对桃园周围的菊花科寄主植物等进行清除，并将虫枝、虫卵枝和杂草集中烧毁，减少虫、卵源。

保护天敌：桃瘤蚜的自然天敌很多，在天敌的繁殖季节，要科学使用化学农药，不宜使用触杀性广谱型杀虫剂。

化学防治：化学防治桃瘤蚜必须掌握“农药对口、防治及时、方法得当”的原则。根据桃瘤蚜的为害特点，防治宜早，在芽萌动期至卷叶前为最佳防治时期。萌芽期天敌较少，可选用5.7%百树菊酯乳油2500倍、2.5%功夫乳油2000倍、90%万灵粉剂4000倍、70%艾美乐水分散颗料剂5000倍、48%乐斯本乳油1000倍、用5%的高效氯氰菊酯乳油2000倍液、或20%速灭杀丁乳油3000倍液、5%来福灵乳油3000倍液、30%菊马乳油2000倍液喷布，消灭初孵若蚜。喷雾时每桶药水加神效王1.5ml，可破坏桃瘤蚜的蜡质层，促进农药迅速进入蚜虫体内，能提高防治效果。上述药剂必须交替使用，以防桃瘤蚜产生抗药性。在卷叶后，天敌较多时要选用内吸性强的农药进行防治，避免卷叶对药效的影响。采用5%吡虫啉涂干防治桃瘤蚜，既能提高防治效果，又能保护自然天敌。具体方法是先围绕树干刮3~4 cm宽的树皮，将40%氧化乐果加5倍的水，涂在刮好的树皮上，用废报纸将树干包好，使药通过桃树组织传导到叶片，达到防治桃瘤蚜的目的。

球蚜科

09 落叶松球蚜 *Adelges laricis*

分布：南华山、拐洼。

寄主：落叶松。

形态特征：干母第 1 龄腹面前、中和后足基节有腺孔群，腺孔圆形，数量不等。有翅瘿蚜腹部背面第 5 节中侧蜡片愈合，第 6 节各蜡片均愈合。伪干母第 1 龄腹面中足和后足基节有蜡孔群，每一基节上两群，内外各一，蜡孔圆形，数量不等。触角第 3 节顶端毛长为该节宽的 4.5 倍。伪干母成虫腹部第 1~6 节无缘蜡孔组成缘蜡片。

生活习性：每 2 年完成 1 个生活周期。以从受精卵孵化出来的第 1 龄干母若虫在云杉中下层小枝芽上越冬。5 月上旬若虫开始取食，5 月底云杉芽萌动，干母成熟，大量孤雌产卵。受害云杉的新芽基部、针叶和主轴渐渐变形，卵孵化时即形成虫瘿。瘿表面常有 1 龄若虫，到 6 月中旬已渐增大。瘿端有嫩枝，瘿体一侧有闭合缝，外长针叶。7 月末虫瘿开裂，老熟若虫爬出，在附近针叶上羽化，向落叶松迁飞。孤雌产卵，8 月中下旬孵化为第 1 龄伪干母，9 月中旬开始越冬。次年 4 月下旬若虫开始取食，脱皮 3 次，5 月初成熟为伪干母，开始孤雌产卵。5 月下旬部分卵孵化发育为有翅性母，向云杉迁飞。6 月初孤雌产卵，上旬孵化为雌、雄性蚜，7 月初雌性蚜产受精卵，8 月初受精卵孵化为第 1 龄干母，9 月初开始在云杉芽上越冬，完成为时 2 年的生活周期。此外，在伪干母所产的卵中，有一部分孵化为停育型第 1 龄若虫，即以此越冬；另一部分孵化为进育型，继续发育成熟。孤雌卵生繁殖 4 代，然后以 1 或 2 龄若虫越冬。

毛蚜科

10 白毛蚜 *Chaitophorus populeti* (Boyer de Fonscdombe, 1841)

分布： 全县。

寄主： 杨柳树（叶）。

形态特征： 白杨毛蚜的无翅孤雌蚜，体卵圆形，长 2.2mm、宽 1.3mm，水绿色，有黑绿不规则形大斑，腹管截断状，尾片瘤状，黑色，体多毛，触角第 4 节端部以后为黑色。有翅孤雌蚜，体长卵形，长 2.3mm、宽 1.0mm，头、胸黑色，腹部有黑或深绿色斑，在毛白杨嫩梢和幼叶反面为害。白毛蚜的无翅雌蚜，体卵圆形，长 1.9mm、宽 1.1mm。体蜡白至浅绿色，胸、腹部背面有深翠绿至绿色斑，胸部 2 个，腹部前面 2 个，中央 1 个，后面 2 个。触角第 5 节端部以后为黑色。第 6 节鞭部约是基部长度 2 倍。有翅孤雌蚜，体卵圆形，长 1.90mm、宽 0.86mm。体浅绿色，有黑斑。触角黑色，腹管淡色。

生活习性： 一年发生 10 多代，以卵在芽腋等处越冬。翌年春季杨树叶芽萌发时，越冬卵孵化。干母多在新叶背面为害，以后产生有翅孤雌胎生蚜扩大为害，尤其叶背面发生量大，受害严重。6 月后易诱发煤污病。

防治方法：

人工防治： 可以利用高压喷水杀死或冲洗掉大量的蚜虫，春季如遇到干旱的情况下，可利用补充水分的机会，用喷水控制虫口密度，减少蚜虫的发生，但一个季节最好连续喷水，方能取得理想效果。

生物防治： 注意保护和利用蚜虫天敌，白毛蚜和杨白毛蚜的天敌主要有七星瓢虫、异色瓢虫、龟纹瓢虫、中华草蛉、杨腺溶蚜茧蜂、食蚜蝇等。利用人工迁移瓢虫、食蚜蝇等天敌，也能进行有效的防治。

药剂防治： 蚜虫繁殖快，世代多，用药易产生抗性。选药时建议用复配药剂或轮换用药，可用 50% 啶虫咪水分散粒剂（国光崇刻）3000 倍液，10% 吡虫啉可湿性粉剂（如国光毙克）1000 倍液，40% 啶虫毒乳油（如国光必治）1500~2000 倍液，或啶虫咪水分散粒剂（国光崇刻）3000 倍液 +5.7% 甲维盐乳油（国光乐克）2000 倍混合液喷雾，均可针对性防治。防治时建议在常规用药基础上缩短用药间隔期，连用 2~3 次。

瘿绵蚜科

11 榆四脉瘿绵蚜 *Tetraneura ulmi* (Linnaeus, 1758)

分布： 全县。

寄主： 榆树（叶）。

形态特征：

无翅孤雌蚜： 体长 2.0~2.5mm，椭圆形，体杏黄色、灰绿色或紫色，体被放射状的蜡质绵毛，触角 4 节，短。喙短且粗，呈矛状，超过前足基节。腹管退化。尾片半圆形，有 5~7 根毛。

有翅孤雌蚜： 体长 2.5~3.0mm。头胸部黑色，腹部灰绿色至灰褐色，触角 4 节，前翅中脉不分叉，共 4 条，后翅中脉 1 条，没有腹管。卵长椭圆形，长 1mm，初黄色后变黑色，有光泽，一端具 1 微小突起。

生活习性： 1 年 10 多代，以卵在榆树枝干、树皮缝中越冬。翌年 4 月下旬越冬卵孵化为干母若蚜，爬至新萌发的榆树叶背面固定为害，5 月上旬在受害叶面形成紫红色或黄绿色无刺毛的袋状虫瘿，干母独自潜伏在其中为害，5 月中旬干母老熟，在虫瘿中胎生仔蚜，即干雌蚜的若蚜，每只干母能繁殖 8~15 头或更多，5 月下旬至 6 月上旬，有翅干雌蚜长成，又称春季迁移蚜，迁往高粱、玉米根部胎生繁殖为害，9 月下旬又产生有翅母蚜，飞回榆树枝干上产生性蚜，交配后产卵越冬，每雌产 1 粒卵，产在体下。天敌有食蚜瓢虫、食蚜蝇等。

12 杨柄叶瘿绵蚜 *Pemphigus populi* Courchet

分布： 全县。

寄主： 杨树（叶）。

形态特征： **有翅孤雌蚜：** 体躯椭圆形，体长 2.4~2.6mm。头胸黑色，腹部色淡。触角、足、喙黑色。触角长 0.8mm，第六节无次生感觉圈。喙粗短，达前中足基节间。翅脉具淡褐色边，前翅 4 斜脉，不分叉。无腹管。尾片半圆形，具微刺突构成横瓦纹。

生活习性： 以卵在枝条缝隙越冬。翌年春越冬卵孵化，在叶与叶柄交接处危害。寄主受害后，在叶基部叶片正面形成虫瘿。虫瘿近球形，光滑，初期和叶色一致，后期虫瘿表面逐渐变粗糙，褐色。若蚜在封闭虫瘿内危害。后期虫瘿老熟，裂开，成蚜虫飞出扩散。秋末产生有性蚜，交尾产卵越冬。

13 杨枝瘿绵蚜 *Pemphigus immunis* Buckton

分布： 全县。

寄主： 杨树（枝）。

形态特征：

有翅孤雌蚜： 长卵形，体长 2.7mm，灰绿色，被白粉。复眼、喙褐色；触角灰褐色，次生感觉圈横条环状，第五节原生感觉圈大，长方形，第六节具次生感觉圈；前胸背板中央具淡黑色横带断裂为 2 个模糊黑点；腹管灰黑色；腹节灰褐色，各节后部黑褐色。足胫节及腿节两端色深。翅痣灰色。

无翅蚜： 体长 2.5mm。球形，

头、触角、足黑色；胸腹部污绿色。**若蚜：**体长形，黄绿色，腹端有白色绒球。

生活习性：以卵在枝条缝隙越冬。翌年春越冬卵孵化。4月开始危害，在幼树基部和新枝基部危害，逐渐形成虫瘿。虫瘿初期与枝干颜色一致，后期虫瘿逐渐变深褐色。5月下旬形成紫褐色虫瘿，在枝干产生梨状、球形或不规则形虫瘿，虫瘿具原生开口，开口向下。7月虫瘿内产生若蚜、有翅蚜等，分泌白蜡和蜜球，白蜡从开口滴落。

防治方法：(1) 人工剪除虫瘿烧毁；(2) 冬初向树冠喷洒35波美度石硫合剂。4月下旬喷洒10%烟碱1000倍液，10%吡虫啉乳油3000倍液，70%灭蚜威1000倍液，5%锐劲特2000倍液。

蚧科

14 朝鲜球坚蚧 *Didesmococcus koreanus* Borchsenius

分布：全县。

寄主：榆树（枝、干）、桃、李、杏、梨、苹果等多种植物。

形态特征：成虫雌体近球形，长4.5mm，宽3.8mm，高3.5mm；前、侧面上部凹入，后面近垂直；初期介壳软黄褐色，后期硬化红褐至黑褐色，表面有极薄的蜡粉，背中线两侧各具一纵列不甚规则的小凹点，壳边平削与枝接触处有白蜡粉。雄体长1.52mm，翅展5.5mm；头胸赤褐，腹部黄褐色；触角丝状10节，生黄白短毛；前翅发达白色半透明，后翅特化为平衡棒；性刺基部两侧各具1条白色长丝。卵椭圆形，附有白蜡粉，初白色渐变粉红。初孵若虫长椭圆形，扁平，长0.5mm，淡褐至粉红色被白粉；触角丝状6节；眼红色；足发达；体背面可见10节，腹面13节，腹末有2个小突起，各生1根长毛，固着后体侧分泌出弯曲的白蜡丝覆盖于体背，不易见到虫体。越冬后雌雄分化，雌体卵圆形，背面隆起呈半球形，淡黄褐色有数条紫黑横纹。雄体瘦小椭圆形，背稍隆起，赤褐色。茧长椭圆形灰白半透明，扁平背面略拱，有2条纵沟及数条横脊，末端有一横缝。

生活习性：每年发生1代，以2龄若虫在枝上越冬，外覆有蜡被。3月中旬开始从蜡被里脱出另找固定点，而后雌雄分化。雄若虫4月上旬开始分泌蜡茧化蛹，4月中旬开始羽化交配，交配后雌虫迅速膨大。5月中旬前后为产卵盛期，卵期7天左右；5月下旬至6月上旬为孵化盛期。初孵若虫分散到枝、叶背危害，落叶前叶上的虫转回枝上，以叶痕和缝隙处居多，此时若虫发育极慢，越冬前蜕1次皮，10月中旬后以2龄若虫于蜡被下越冬。全年4月下旬至5月上旬危害最盛。

木虱科

15 槐豆木虱 *Cyamophila willieri* (Wu, 1932)

分布：全县。

寄主：国槐（叶）。

形态特征：成虫体长3.8~4.5mm，体黄绿色至绿色；复眼褐色；触角褐色，基部2节绿色，端部2节黑色；胸部绿色，中胸前盾片和盾片具黄斑；翅脉黄绿色，外缘翅脉间有黑斑4个，后缘处具黑斑2个。越冬代成虫深褐色，胸背具成对黄斑；若虫黄绿色，7龄。

生活习性： 槐豆木虱1年发生2~4代，各世均有重叠，以成虫在树冠杂草下、土缝中越冬。次年4月上旬，当国槐芽萌动吐绿时出蛰，上树取食、交尾和产卵，卵期4~6天；若虫共5龄，每龄平均4~5天；成虫在10月下旬越冬。

16 沙枣木虱 *Trioza magnisetosa* Loginova, 1964

分布： 全县。

寄主： 沙枣（叶）。

形态特征： 成虫体长2.5~3.4mm，深绿至黄褐色。复眼大、突出，赤褐色。触角丝状10节，端部2节黑色，顶部生2毛。前胸背板弓形，前、后缘黑褐色，中间有2条棕色纵带。中胸盾片有5条褐色纵纹。翅无色透明，前翅三条纵脉各分2叉。腹部各节后缘黑褐色。卵长约0.3mm，略呈纺锤形，具1短的附丝，淡黄色。若虫长2.3~3.3mm，黄白至灰绿色，扁椭圆形，体表被白色绵状物。体躯和翅芽上密被刚毛。

生活习性： 1年1代，以成虫在落叶、杂草、树皮缝及树干上枯卷叶内越冬。翌年3月气温达6°C时开始活动。4月上旬至6月上旬交配产卵，交配产卵多在早晨和傍晚，萌芽期卵各产于芽上，数粒在一起，展叶后多产于叶背，卵一端插入叶肉内。5月上旬开始孵化，下旬为盛期。若虫期45~50天，5龄若虫为害最重，虫口密度大时，排出的蜜露使枝叶发亮。6月中至7月羽化。成虫寿命长达1年左右，白天群集叶背为害，至10月下旬气温达0°C以下时，始进入越冬。

防治方法：

（1）加强林木检疫，严禁带

虫苗木外运和引进。

(2) 沙枣、柏树、杨树不要混植，使木虱得不到柏、杨树作为补充食料而抑制其发生。加强母生幼林的管理，使其提高郁闭度，增强抗虫力。

(3) 冬季修剪枝条，4月底前剪除木虱产卵枝条，及时烧毁，消灭枝条上的卵。冬季清除林内枯叶杂草，消灭沙枣木虱越冬成虫。

(4) 冬季或早春干基涂白或用60%D-M合剂200倍，消灭木虱越冬成虫。

(5) 4月上、中旬及时摘除有卵叶，5月上、中旬剪除有大虱若虫群集危害的枝梢。6月上、中旬及11月当成虫密集于芽或再发叶上时，用网捕杀成虫。

(6) 注意保护利用天敌。

(7) 4月中、下旬大虱成虫出蛰期，于晴朗无风夜间在林内。用65%肥皂石油乳剂8倍液喷杀木虱越冬卵。5%的高效氯氰菊酯2000倍液防治木虱若虫或成虫。

角蝉科

17 黑圆角蝉 *Gargaragenistae* Fabricius

分布： 全县。

寄主： 柠条（枝、叶）。

形态特征： 成虫体长7mm，翅展21mm，黄绿色，顶短，向前略突，侧缘脊状褐色。额长大于宽，有中脊，侧缘脊状带褐色。喙粗短，伸至中足基节。唇基色略深。复眼黑褐色，单眼黄色。前胸背板短，前缘中部呈弧形前突达复眼前沿，后缘弧形凹入，背板上有2条褐色纵带；中胸背板长，上有3条平行纵脊及2条淡褐色纵带。腹部浅黄褐色，覆白粉。前翅宽阔，外缘平直，翅脉黄色，脉纹密布似网纹，红色细纹绕过顶角经外缘伸至后缘爪片末端。后翅灰白色，翅脉淡黄褐色。足胫节、跗节色略深。静息时，翅常纵叠成屋脊状。卵纺锤形，长 1mm，乳白色。若虫老熟若虫体长 8mm，长形，体扁平，腹末截形，绿色，全身覆以白色棉絮状蜡粉，腹末附白色长的绵状蜡丝。

生活习性： 卵产在刺槐基部 5~10cm 深的根部表皮下越冬，卵成堆挤在千起，但排列无序。5 月中旬孵化，若虫共 5 个龄期，6 月中旬第一代成虫羽化，下旬产卵，8 月中旬为第二代成虫期；9 月上旬至 10 月中旬产卵越冬。成虫飞翔力弱，爬动活泼，遇到惊扰能横向爬动躲避。分泌黏液，常招致蝇类和蚂蚁吸食。

象蜡蝉科

18 伯瑞象蜡蝉 *Dictyphara patraelis* (Stal, 1859)

分布： 全县。

寄主： 杨树（叶）。

形态特征： 体长 8.0~11.0mm，翅展 18.0~22.0mm。体绿色，死后略变黄色。头前伸成头突，长约等于头胸长度之和。头背面中央具 2 条橙色纵条；复眼淡褐色，单眼黄色，侧缘与中央脊线绿色，其间具 2 条橙色纵条；前中胸背板具有 5 条绿色纵脊线和 4 条橙色条纹。翅透明，脉纹淡黄色或浓绿色，前翅端部脉纹和翅痣褐色。胸部腹面黄绿色，侧面有橙色条纹。腹部腹面淡绿色，各节中央黑色。足黄绿色，有暗黄色和黑褐色纵条纹；后足胫节具 5 个侧刺。

叶蝉科

19 大青叶蝉 *Tettigella viridis* (Linnaeus, 1758)

分布： 全县。

寄主： 杨树、柳树、榆树、槐树、桃、李、杏、苹果等多种植物。

形态特征： 体长 7.2~10mm。青绿色。头部颜面淡褐色，后唇基侧、中间的纵条及每侧 1 组弯曲的横纹呈黄色，颊区在近唇基缝处有 1 小形黑斑，触角窝上方有黑斑 1 块；头冠部淡黄绿色，前部左右各有 1 组淡褐色弯曲横纹，与后唇基横纹相接，在近后缘处有 1 对不规则的多边形黑斑。前胸背板淡黄绿色，后半部深青绿；小盾片淡黄绿色，中间横刻痕短不伸达边缘；前翅绿色带有青蓝色泽，前缘淡白，端部透明，翅脉青黄色，具有狭窄的淡黑色边缘；后翅烟黑色，半透明。腹部背面蓝黑色，两侧及末节橙黄带有烟黑色，胸部与腹部腹面均为橙黄色；足橙黄色，跗爪及后足胫节内侧的细小条纹黑色，后足胫节刺列的基部黑色。

生活习性： 1 年 2 代。各代发生期为 4 月下旬至 7 月中旬、6 月中旬至 11 月上旬。

防治方法：

（1）在成虫期利用灯光诱杀，可以大量消灭成虫。

（2）成虫早晨不活跃，可以在露水未平时，进行网捕。

（3）在 9 月底 10 月初，收获庄稼时或 10 月中旬左右，

当雌成虫转移至树木产卵以及4月中旬越冬卵孵化，幼龄若虫转移到矮小植物上时，虫口集中，可以用5%高效氯氰菊酯2500倍液、10%吡虫啉3000倍液喷杀。

（4）夏季灯火诱杀第2代成虫，减少第3代的发生。

（5）成、若虫集中在禾本科植物上时，及时喷撒2.5%森得保乳油2000~3000倍液、10%大功臣可湿性粉剂3000~4000倍液。

20 褐盾短头叶蝉 *Bythoscopus dorsalis* (Matsumura)

分布：南华山。

寄主：桦树（叶）。

形态特征：体长约7mm。体黄绿色。头前缘弧形，长度小于复眼，间宽1/4；颜面黄色，额唇基区带褐色；复眼暗褐色。前胸背板黄绿色，长为头冠6倍，前缘突出，后缘平截，后部明显宽于头，前胸背板具密集横纹，小盾片具横纹，黄色或褐色；中央横刻痕角状弯曲，其上具2个圆形凹纹；前翅半透明，翅面散布粗大刻点。

21 烟翅小绿叶蝉 *Empoasca limbifera* Matsumura

分布：全县。

寄主：杨树、桃、李、杏等多种植物。

形态特征：体长3~4mm。绿色。头冠向前呈钝角突出，顶端圆，中央长度短于复眼间宽，与胸、腹部同为黄绿色，头部、前胸背板及小盾板上，皆生有白色斑点；复眼为灰褐至褐黑色。前翅半透明，中、基部带有黄绿色晕，翅的边缘亦具绿色细边；足与虫体腹面同色，自胫节端部以下为青绿色，爪褐黑色。

蝽科

22 日本真蝽 *Pentatoma japonica* Distant

分布：南华山。

寄主：榆树（叶）。

形态特征：体长 17.0~18.5mm，宽 11.5~12.8mm。金绿色，具密刻点。头侧叶与中叶几等长，边缘稍翘，背面有黄褐色断续纵纹 2 条。复眼内侧具 1 光滑斑。触角棕褐，第 4、5 节棕红。前胸背板前侧缘、侧角端缘及后侧缘狭窄地黄褐或红黄色；前侧缘低锯齿状，稍内凹，侧角长，明显上翘，末端前后部成角状突出，前部角突长而尖。小盾片端缘显黄褐窄边。前翅膜片淡烟褐。侧接缘黄黑相间。足红褐，腿节具暗棕褐色小斑点，爪黑。腹部腹面黄褐，光滑，腹基突短，伸达后足基节间。

生活习性：1年1代。成虫越冬。

23 北曼蝽 *Menida scotti* (Puton, 1886)

分布： 南华山。

寄主： 杨树、榆树。

形态特征： 体长 10.0~11.5mm，宽 5.0~5.5mm。淡黄褐，刻点黑。头、前胸背板胝区及两侧区黑，带有铜绿光泽。头中叶略长于侧叶，侧缘微翘，上具若干黄白色纵纹；触角黑、第 1 基节大半、第 4 节两端及第 5 节基黄色。前胸背板前侧缘几平直，边缘具黄狭边，微翘，侧角钝圆。小盾片基部有 1 大三角形黑斑，基缘处有 3 个小黄斑，中央 1，两侧各 1，两侧缘近端处又各有 1 小黑斑，端部黄色。前翅膜片色淡，透明，长过腹末。侧接缘黄黑相间。足淡黄褐，腿节端刻点较密，胫节两端及跗节第 3 节褐色。腹部腹面淡黄褐，具刻点，腹基刺突前伸，不达或伸达中足基节间。

24 宽碧蝽 *Palomena viridissima* (Poda, 1761)

分布： 南华山。

寄主： 柠条（叶）。

形态特征： 体长 11.0~13.5mm，宽椭圆形，暗绿色；头黑色，顶端钝圆；触角黑褐色，第 5 节基部黄白色；喙伸达后足基节间；前胸背板侧角圆钝；小盾片末端黄白色；革片及侧接缘外缘为淡黄褐色；膜片烟褐色，透明；腿节外侧近端处有 1 小黑点。

25 红足真蝽 *Pentatoma rufipes* (Linnaeus, 1758)

分布： 全县。

寄主： 杨树、柳树、榆树和桃杏、梨等。

形态特征： 体长15.5~17.0mm，椭圆形，暗褐色，密布黑刻点。头黑色，侧缘略上卷；触角前3节及第4、5节基部黄褐，端部两节黑褐；喙伸达第3节腹节基部；前胸背板黑色，具不明显的中纵脊，前侧缘明显内凹，边缘常色淡，呈细锯齿状，前角成小尖角状斜伸，侧角向侧后方伸出；小盾片末端黄褐色；革片常为红褐色；膜片近黑色；侧接缘黄黑相间；腹基突起三角形，伸达后足基节；足红褐色。

生活习性： 1年1代，以成虫越冬，6月初产卵，6月下旬孵化，6~8月成虫若虫均可采到。

26 紫翅果蝽 *Carpocoris purpureipennis* (De Geer, 1773)

分布： 全县。

寄主： 柠条（叶）、沙枣、苹果、梨、杏等。

形态特征： 体长11.5~13.0mm，宽椭圆形，黄褐色至棕紫色。头部中部具黑色纵纹，侧缘具黑边；触角黑色；前胸背板前半部具4条宽纵黑带，侧角端处黑；小盾片末端淡色；膜片淡烟褐色，基内角有大黑斑，外缘端处呈1黑斑；侧接缘黄黑相间；体下及足黑褐色。

27 褐真蝽 *Pentatoma armandi* Fallou, 1881

分布： 全县。

寄主： 杨树、榆树、松树、梨树。

形态特征： 成虫：体长 17~20mm。前胸背板宽 10~11mm。椭圆形，红褐至黄褐色，无金属光泽，具棕黑色粗刻点，局部刻点联合成短条纹。头近三角形，侧缘具边，色多深暗，微向上折翘，侧叶与中叶几等长，在中叶前方不会合。触角细长黄褐至棕褐色，第 3~5 节除基部外棕黑色，第 2、3 节有稀疏细毛，第 4、5 节具密短毛。喙黄褐色，末端棕黑，伸达第三腹节腹板中央。前胸背板中央无明显横沟，胝区较光滑，其中央仅有少量黑刻点。前胸背板前侧缘有较宽的黄白色边，其前半部粗锯齿状。侧角末端亚平截，其后侧缘近末端似有 1 小突起。小盾片三角形，端角延伸且显著变窄。前翅较伸长，膜片淡褐色，几透明，稍超过腹端。足较细长，腿节和胫节有棕黑色斑。腹部侧接缘各节基部和端部有不规则黑色横斑纹，节缝黄色。腹部腹面浅黄褐色，光滑无刻点，腹板中央无明显纵棱脊。腹基部中央刺突甚短钝，仅接近后足基节。腹气门暗棕色。

28 西北麦蝽 *Aelia sibirica* Reuter, 1884

分布： 南华山。

寄主： 榆树、杨树等。

形态特征： 体长 9.0~10.5mm，长椭圆形，黄褐色；头顶中部具褐色纵纹，侧缘黑色；触角端部两节红褐色，其余黄白色；前胸背板侧缘黄白色，上翘，中部具明显的黄白色纵纹，纵纹两侧黄褐色；小盾片中纵线基半部明显，末端细，两侧暗褐色；革片沿淡色的外缘及径脉内侧有1淡黑色纵纹；足黄白色，腹节淡红褐色。

生活习性： 1年2~3代。以成虫在芨芨草基部越冬。翌年4月下旬开始活动，5月初迁进麦田为害麦苗，5月上旬在麦苗下部叶尖或地表的枯枝残叶上产卵，11~12粒排成单列，5月中旬孵化成若虫继续为害，小麦成熟时成虫又飞回越冬杂草上，10月开始潜伏越冬。

防治方法：

（1）在越冬虫回复活动以前，清除麦田附近的芨芨草深埋或烧毁，以减少虫源。

（2）用5%辛硫磷微胶囊1kg，拌细砂20kg，撒入草丛。

（3）在成虫危害高峰期，向麦苗或芨芨草上喷洒10%吡虫啉3000倍液，或2.5%保得乳油2500倍液。

姬缘蝽科

29 离缘蝽 *Adelphocoris melanocephalus* Reuter, 1903

分布： 南华山。

寄主： 柠条（叶）。

形态特征： 体长10~20mm。体黄褐色至黄绿色，复眼黑色。体躯狭长。头狭长，前缘中央三角形突出。触角4节，粗壮，位于头前缘两侧，前伸。前胸背板体形，前缘黑色；中部具横浅沟；背面中后部具 2 条黑色纵纹。小盾片狭长三角形，周缘具黑色边。足细长，后足胫节端部内侧具黑褐色斑。腹部背面具 2 条黑色纵纹，纵纹不达腹末，约为腹部长度 2/3。

生活习性： 危害柠条等灌木及麦类、糜子、谷子、高粱、硷草等植物。

缘蝽科

30 欧环缘蝽 *Stictopleurus punctatonervosus* (Goeze, 1778)

分布： 南华山。

寄主： 柠条（叶）。

形态特征： 体长 6.0~9.5 mm，长椭圆形；棕黄色；头宽大于长；触角第 1 节粗短，第 2、3 节细长，第 4 节近纺锤形；喙伸达中足基节；前胸背板梯形，前横沟细，两端不弯曲成完整的环，前缘及后缘近平行，侧缘平直；小盾片三角形，末端中央凹陷；爪片黑色；革片布少量棕褐色斑点；膜片棕黄色，透明，超过腹部末端；腹部背面褐色，第 5 腹节背板前缘及后缘中部向内弯曲，中央具大黄斑；第六节中部两侧有斑点；第 7 节背板具纵带；侧接缘黄色，具黑色斑点。

31 细角迷缘蝽 *Myrmus glabellus* Horvath, 1901

分布： 南华山。

寄主： 榆树（叶）。

形态特征： 体长 7.0~9.0mm，狭长；草绿色；头长于前胸背板；触角第 13 节暗褐色，第 4 节黑褐色；喙达于中足基节，顶端黑色；前胸背板梯形，淡黑色，胝区土黄色；小盾片近黑色；爪片暗褐色；革片草绿色，翅脉红色；腹部背面中央黑色；足土黄色，被黑色小点。

32 点蜂缘蝽 *Riptortus pedestris* (Fabricius)

分布： 全县。

寄主： 柠条（叶）。

形态特征： 体长 15.0~17.0mm，宽 3.6~4.5mm，狭长，黄褐至黑褐色，被白色细绒毛。头在复眼前部成三角形，后部细缩如颈。触角第 1 节长于第 2 节，第 1、2、3 节端部稍膨大，基半部色淡，第 4 节基部距 1/4 处色淡。喙伸达中足基节间。头、胸部两侧的黄色光滑斑纹成点斑状或消失。前胸背板及胸侧板具许多不规则的黑色颗粒，前胸背板前叶向前倾斜，前缘具领片,后缘有 2 个弯曲,侧角成刺状。小盾片三角形。前翅膜片淡棕褐色，稍长于腹末。腹部侧接缘稍外露，黄黑相间。足与体同色，胫节中段色淡，后足腿节粗大，有黄斑，腹面具 4 个较长的刺和几个小齿，基部内侧无突起，后足胫节向背面弯曲。腹下散生许多不规则的小黑点。

生活习性： 卵长约 1.3mm，宽约 1mm。半卵圆形，附着面弧状，上面平坦，中间有一条不太明显的横形带脊。若虫 4

龄体似蚂蚁，5 龄体似成虫仅翅较短。各龄体长：1 龄 2.8~3.3mm，2 龄 4.5~4.7mm，3 龄 6.8~8.4mm，4 龄 9.9~11.3mm，5 龄 12.7~14.0mm。

防治方法： 作物收获后及时清除田间枯枝落叶和杂草，并带出田外烧毁，消灭部分越冬成虫。在成虫、若虫为害期喷雾防治，药剂可选用广谱性杀虫剂 2.5% 敌杀死乳油 2000 倍液，或 40% 速扑杀乳油 1500 倍液，48% 乐斯本乳油 1000 倍液。

同蝽科

33 泛刺同蝽 *Acanthosoma spinicolle* Jakovlev, 1880

分布： 全县。

寄主： 梨树、桦树（叶）。

形态特征： 体长 13.5~17.5 mm，宽椭圆形，灰黄绿色，前胸背板后缘、革片内域和爪片红棕色；头黄褐色具横皱纹和黑色刻点；触角第 1、2 节暗褐色，第 3、4 节红棕色，第 5 节末端棕色；喙黄绿色，末端黑色，伸达后足基节；前胸背板近前缘处有 1 条黄褐色横带，侧角延伸成短刺，棕红色，末端尖锐，有时顶尖黑色，指向前侧方；小盾片中央具暗棕色斑，顶端延伸，黄白色；爪片棕褐色；革片外域深绿色；膜片浅棕色；中胸隆脊低，末端不伸达前胸腹板前缘；腹部背面浅棕红色，各腹节后缘具黑色横带纹，侧接缘全部黄褐色；腹面和足黄褐色，跗节浅棕色。

34 宽肩直同蝽 *Elasmostethus humeralis* Jakovelv, 1883

分布：全县。

寄主：榆树、油松等。

形态特征：体长10.5~13.5mm，长椭圆形，黄绿色，具棕红色；头部土黄色；触角土黄色，各节端部色较深；前胸背板黄绿色，侧角稍突出，其后部黑色；小盾片土黄色，末端黑色；爪片暗褐色；革片土黄色；膜片烟褐色；腹部背面浅红色；足黄白色，腿节末端和跗节色较深。

长蝽科

35 桃红长蝽 *Lygaeus murinus* (Kirischenko, 1914)

分布：全县。

寄主：榆树、桦树（叶）等

形态特征：体长10.5~12.5mm，红色；体密被白色短毛。头黑，头顶自基部至中叶基部具橘红色椭圆形斑；触角黑色，各节末端浅红色；喙伸达中足基节，胸部侧板每节后背方各具1黑绒色圆斑；前胸背板黑色，侧缘前部略凹，后缘直，后部中央具桃形红斑；小盾片黑；爪片黑褐色，中部具小圆斑；革片黑褐，中部具1圆斑，圆斑至翅基部橘红色，外方也具1红斑；膜片褐色，超过腹部末端，其内角、中央圆斑以及革片顶角与圆斑相连的横带乳白色，外缘和端部灰白色。

生活习性：1年1~2代。以成虫土中越冬。成虫、若虫刺吸危害。

36 白边大眼长蝽 *Geocoris grylliodes* (L.)

分布：南华山。

寄主：榆树（叶）。

形态特征：体长3.6~5.0mm。体黑色。头黑色，中叶两侧侧叶具2白斑。触角黑色，第4节色淡。前胸背板周缘，前翅革片周缘具白边。小盾片无中脊，末端白。足黄褐色。复眼大，位于头两侧。

盲蝽科

37 苜蓿盲蝽 *Adelphocoris lineolatus* (Goeze, 1778)

分布：全县。

寄主：杏树（叶）。

形态特征：成虫体长7.5~9.0mm，宽2.3~2.6mm，黄褐色，被细毛。头顶三角形，褐色，光滑，复眼扁圆，黑色，喙4节，端部黑，后伸达中足基节。触角细长，端半色深，1节较头宽短，顶端具褐色斜纹，中叶具褐色横苜蓿盲蝽纹，被黑色细毛。前胸背板胝区隆突，黑褐色，其后有黑色圆斑2个或不清楚。小盾片突出，有黑色纵带2条。前翅黄褐色，前缘具黑边，膜片黑褐色。足细长，股节有黑点，胫基部有小黑点。腹部基半两侧有褐色纵纹。卵长 1.3mm，浅黄色，香蕉形，卵盖有 1 指状突起。若虫黄绿色具黑毛，眼紫色，翅芽超过腹部第 3 节，腺囊口八字形。

生活习性： 苜蓿盲蝽的食性很杂，可取食多种植物，特别喜食藜科、豆科、葫芦科、亚麻科等作物和牧草，如甜菜、豆类、瓜类、胡麻和苜蓿等，不取食禾本科植物。若虫或成虫喜集聚活动，一般十几头或几十头聚在一株植物上取食，喜食植物幼嫩组织，如刚出土幼苗的子叶、心叶及花蕾、花器。若虫爬行能力强，成虫飞行能力较强，扩散、迁徙速度快，活动的高峰在每天的早晨和傍晚，中午气温高时多在植物叶片背面。在土块或枯枝落叶下潜伏，当地 1 年发生 3~4 代，以卵在苜蓿等植物的枯枝落叶内越冬。

防治方法： 苜蓿田以药剂防治为主，发生初期喷洒 4.5% 高效顺反氯氰菊酯乳油 1500~2000 倍液；2.5% 敌杀死乳油、2.5% 功夫乳油或 20% 灭扫利乳油 2000 倍液等菊酯类药剂，均可收到较好防效。采收前 7 天停止用药。

38 三点苜蓿盲蝽 *Adelphocoris fasciaticollis* Reuter

分布： 全县。

寄主： 杏树（叶）。

形态特征： 体长 7.5~10.5mm；体狭长，两侧平行；体黄褐色；头顶两侧具 1 黑褐色小斑；触角第 1 节淡黄褐色，第 2 节锈褐色，第 3、4 节黑褐色；喙伸达中足基节末端。前胸背板胝区黑色，盘域后侧方各具 1 个黑色斑；小盾片具横纹；爪片内半部淡黑褐色；革片具黑褐色斑；缘片及楔片外缘黑褐色，楔片末端黑褐色；膜片浅黑色。

生活习性： 1年2~3代。以卵越冬。成虫、若虫刺吸林木、果树、作物、蔬菜等汁液。

39 绿盲蝽 *Apolygus lucorum* MeyerDür

分布： 全县。

寄主： 杏树（叶）、枣树。

形态特征： 成虫体长5mm，宽2.2mm，绿色，密被短毛。头部三角形，黄绿色，复眼黑色突出，无单眼，触角4节丝状，较短，约为体长2/3，第2节长等于3、4节之和，向端部颜色渐深，1节黄绿色，4节黑褐色。前胸背板深绿色，布许多小黑点，前缘宽。小盾片三角形微突，黄绿色，中央具1浅纵纹。前翅膜片半透明暗灰色，余绿色。足黄绿色，肠节末端、财节色较深，后足腿节末端具褐色环斑，雌虫后足腿节较雄虫短，不超腹部末端，跗节3节，末端黑色。卵长1mm，黄绿色，长口袋形，卵盖奶黄色，中央凹陷，两端突起，边缘无附属物。若虫5龄，与成虫相似。初孵时绿色，复眼桃红色。2龄黄褐色，3龄出现翅芽，4龄超过第1腹节，2、3、4龄触角端和足端黑褐色，5龄后全体鲜绿色，密被黑细毛；触角淡黄色，端部色渐深。眼灰色。

生活习性： 海原年生3~5代，以卵在苜蓿、果树皮或断枝内及土中越冬。翌春3、4月旬均温高于10°C或连续5日均温达11°C，相对湿度高于70%，卵开始孵化。第1、2代多生活在紫云英、苜蓿等绿肥田中。成虫寿命长，产卵期30~40天，发生期不整齐。成虫飞行力强，喜食花蜜，羽化后 6、7 天开始产卵。非越冬代卵多散产在嫩叶、茎、叶柄、叶脉、嫩蕾等组织内，外露黄色卵盖，卵期 7 天。6 月中旬棉花现蕾后迁入棉田，7 月达高峰，8 月下旬棉田花蕾渐少迁至其他寄主上为害蔬菜或果树。果树上以春、秋两季受害重。主要天敌有寄生蜂、草蛉、捕食性蜘蛛等。

40 诺植盲蝽 *Phytocoris nowickyi* Fieber, 1870

分布： 全县。

寄主： 杏树（叶）。

形态特征： 体狭长，5.0~7.0mm；头常具红色斑；触角第 1 节黄白色，具红褐色斑，第 2、3 节黄褐色；喙超过后足基节；前胸背板被白色丝状毛和半直立黑毛；小盾片淡黄色，略具红斑；前翅密被丝状毛，底色浅，具暗色斑，混杂少量红斑；爪片内半缘具稠密暗色斑；革片色斑分散；膜片灰白色。

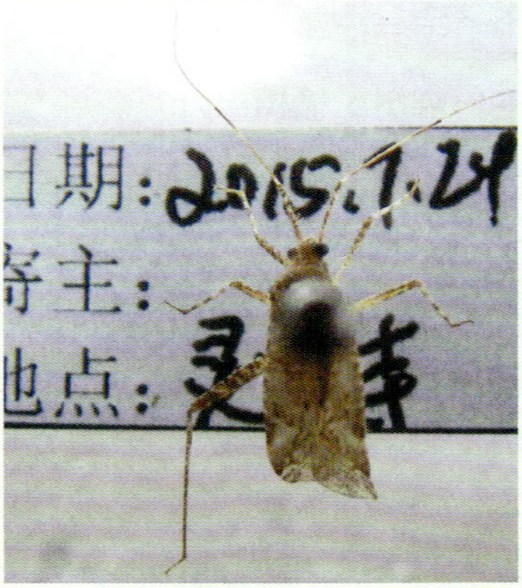

41 雷氏草盲蝽 *Lygus renati* Schwartz er Foottit, 1998

分布： 全县。

寄主： 榆树（叶）。

形态特征： 体长 5.5~7.0mm，近椭圆形；淡黄褐色，夹杂浅红色；头部有 3 条黑褐色纵带；唇基具倒 Y

形红纹；触角淡褐色，第1节末端黑色；喙伸达中足基节端部；前胸背板胝区内、外缘各具1小黑斑；胝后有1~2对黑纵带；后侧角有1黑斑；盘域具稠密刻点；小盾片基部具不规则黑斑，常连成W形，末端黄色；前翅具橙色光泽，爪片内侧黑褐色，革片端部红褐色；缘片末端黑褐色；楔片末端黑色，基内角红色。

42 牧草盲蝽 *Lygus pratensis* (Linnaeus, 1758)

分布：全县。

寄主：杏树、榆树（叶）。

形态特征： **成虫**：体长6.5mm，宽3.2mm。全体黄绿色至枯黄色，春夏青绿色，秋冬棕褐色，头部略呈三角形，头顶后缘隆起，复眼黑色突出，触角4节丝状，第2节长等于3、4节之和，喙4节。前胸背板前缘具横沟划出明显的"领片"，前胸背板上具桔皮状点刻，两侧边缘黑色，后缘生2条黑横纹，背面中前部具黑色纵纹2~4条，小盾片三角形，基部中央、革片顶端、楔片基部及顶端黑色，基部中央具2条黑色并列纵纹。前翅膜片透明，脉纹在基部形成2翅室。足具3个跗节，爪2个，后足跗节2节较1节长。

卵：长1.5mm，长卵形，浅黄绿色，卵盖四周无附属物。

若虫：与成虫相似，黄绿色，翅芽伸达第4腹节，前胸背板中部两侧和小盾片中部两侧各具黑色圆点1个；腹部背面第3腹节后缘有1黑色圆形臭腺开口，构成体背5个黑色圆点。

生活习性：海原1年生3~4代，以成虫在杂草、枯枝落叶、

土石块下越冬。翌春寄主发芽后出蛰活动，喜欢在嫩叶、嫩茎、花蕾上刺吸汁液，取食一段时间后开始交尾、产卵，卵多产在嫩茎、叶柄、叶脉或芽内，卵期约 10 天。若虫共 5 龄，经 30 多天羽化为成虫。成、若虫喜白天活动，早、晚取食最盛，活动迅速，善于隐避。发生期不整齐，6 月常迁入棉田，秋季又迁回到木本植物或秋菜上。天敌主要有卵寄生蜂、捕食性蜘蛛、姬猎蝽、花蝽等。

防治方法：

人工防治：在盲蝽大规模侵害寄主前要加强虫情调查，尽量将盲蝽消灭在其寄生在其他寄主的时候，如杂草之类，以减少苗圃园林植物的受害程度。早春的时候要注意清除杂草。

化学防治：在新梢展叶期，用 2.5% 溴氰菊酯乳油 3000 倍液，或 5% 溴氰菊酯 2500 倍液进行喷药防治。

土蝽科

43 白边光土蝽 *Sehirus niviemarginatus* Scott

分布：全县。

寄主：云杉（叶）等多种植物。

形态特征：体长 6.5~8.5mm，长圆形，蓝黑色；前胸背板侧缘、前翅前缘、腹部侧接缘具狭窄的白色边缘；全体被浓密刻点；头前端狭窄、侧叶包围中叶，向上翘起；触角黑色；喙伸达中足基节；前胸背板侧缘向外突出，胝光滑；小盾片顶角圆形；前翅膜片烟黑色。

生活习性：1 年 1 代。成虫越冬。

盾蝽科

44 黑皱盾蝽 *Phimodera laevilinea* Stal,1873

分布：全县。

寄主：榆树（叶）、杨树等多种植物。

形态特征：体长 5.0~6.5mm，椭圆形，黑褐色，具白色短毛；头部褐色；触角第 1 节基部黄白色，其余各节黑色；喙伸达后足基节；前胸背板中部具横沟，胝区隆起，周缘黄褐色；小盾片大，达腹部末端，两侧基部具 1 短黄纹；前胸腹板中央具纵沟；足腿节末端黄，其余黑色。

异蝽科

45 黄壮异蝽 *Urochela flavoannulata* (Stal, 1854)

分布：南华山。

寄主：枸子（叶）。

形态特征：体长 8.5~12.5 mm，长椭圆形。土黄色，略带暗绿色，体背面具刻点；头部无刻点；触角第 1、2 节褐色，第 3 节黑色，第 4、5 节的端半部黑色，基半部黄白色；前胸背板梯形，后缘具横皱，胝区色暗；小盾片具皱纹，末端尖削；爪片土黄色；革片黄绿色；膜片烟褐色，具 7 条纵脉，超过腹部末端；足土黄色，胫节末端及跗节浅褐色。

鞘翅目

花金龟科

46 白星花金龟 *Potosia brevitarsis* (Lewis, 1879)

分布：全县。

寄主：杨树、柳树、榆树、果树等。

形态特征：体长18~22mm。狭长椭圆形。古铜色、铜黑色或铜绿色，前胸背板及鞘翅布有条形、波形、云状、点状白色绒斑，左右对称排列。唇基近六角形，前缘横直，弯翘，中段微弧凹，两侧隆棱近直，左右近平行，布挤密刻点刻纹。触角雄虫鳃片部长于其前6节长之和。前胸背板前狭后阔，前缘无边框，侧缘略呈“S”形弯曲，侧方密布斜波形或弧形刻纹，散布乳白绒斑。小盾片长三角形。鞘翅侧缘前段内弯，表面绒斑较集中的可分为6团，团间散布小斑。臀板有绒斑6个。前胫节外缘3锐齿，内缘距端位。1对爪近锥形。中胸腹突基部明显缢缩，前缘微弧弯或近横直。腹板两侧具条纹状斑。

生活习性：1年1代，以幼虫在土中越冬。成虫5月份出现，7、8月为发生盛期。有假死性。主要为害玉米（乳期）、大麻等植物的花，或为害有伤痕的或过熟的桃和苹果，

吸取榆、栎类多种树木伤口处的汁液。成虫产卵于含腐殖质多的土中或堆肥和腐物堆中。幼虫（蛴螬）头小体肥大，多以腐败物为食，常见于堆肥和腐烂秸秆堆中，有时亦见于鸡窝中。以背着地，足朝上行进。干燥幼虫入药，有破瘀、止痛、散风平喘、明目去翳等功能。

防治方法：

（1）利用成虫的趋化性进行糖醋诱杀。糖醋液的配法红糖5:米醋3:米酒1:水12。

（2）利用成虫假死习性，在成虫发生盛期，清晨温度较低时震落捕杀。

鳃金龟科 Melolonthidae

47 云斑鳃金龟 *Polyphylla laticollis* Lewias, 1895

分布： 全县。

寄主： 云杉、松、杨树、柳树、榆树等林、果植物。

形态特征： **成虫：** 体长 31~39mm。长椭圆形，背面隆拱。体栗褐至黑褐色，头、前胸背板及足色泽常较深，鞘翅色较淡，体被白或乳白色鳞片组成的斑纹，头上鳞片披针形，前胸背板鳞片疏密不匀，其外侧各有 1 个环形斑；小盾片密被厚实鳞片；鞘翅椭圆形或卵圆形鳞片形成云纹状斑纹。唇基前方微扩阔（雄）或略收狭（雌），密布具鳞片的皱形刻点，前缘翘升，侧端最高，中段微弧凸；头面刻点相似，密被灰黄或棕灰色绒毛。触角 10 节，雄虫鳃片部 7 节，长大；雌虫鳃片部 6 节，短小。前胸背板密布粗大刻点；盘区略三角形隆凸，前侧部微凹陷；前缘有粗长纤毛，侧缘钝角形扩出，有具毛缺刻，前段直；前侧角钝角，后侧角微掠翘，近直角形或锐角形，后缘边框近完整、无毛。小盾片大，中纵光滑，两侧被白鳞。鞘翅云纹状具鳞片刻点分布不匀。臀板及腹下密被针状短毛。雄虫腹下有宽纵凹沟，雌虫腹部饱满。前足胫节

外缘雄虫 2 齿，雌虫 3 齿；爪发达对称。

卵： 椭圆形，长约 4mm，乳白色。

幼虫：老熟幼虫体长 50~60mm。头宽 9.8~10.5mm，长 7.0~7.5mm，前顶毛每侧 5~7 根，后顶毛每侧一根较长，另 2~3 根微小。头部棕褐色，背板淡黄色或棕褐色。胸足发达，腹节上有黄褐色刚毛，气门棕褐色，臀节腹面刺毛 2 列，每列 9~13 根，排列不甚整齐。

生活习性： 此虫 3~4 年发生 1 代，以幼虫在土中越冬。当春季土温回升 10~20°C时幼虫开始活动，6 月间老熟幼虫在土深 10cm 左右作土室化蛹，7~8 月间成虫羽化。成虫有趋

光性，白天多静伏，黄昏时飞出活动，求偶、取食进行补充营养。产卵多在沿河沙荒地、林间空地等沙土腐殖质丰富的地段，每个雌虫产卵十多粒至数十粒。初孵幼虫以腐殖质及杂草须根为食，稍大后即能取食树根，对幼苗的根为害很大，使树势变弱，甚至死亡。

防治方法：

（1）在苗圃地禁止施未腐熟的厩肥，及时清除杂草和适时灌水，破坏蛴螬适生环境，可减轻危害。

（2）当蛴螬在表土层活动时，适时翻土，随即拾虫；利用成虫趋光性强的特点，羽化期用黑光灯诱杀。

（3）播种前用5%的辛硫磷1kg进行土壤杀虫处理。

（4）苗期蛴螬危害，可用50%辛硫磷乳油，20%毒死蜱400~600倍液，开沟或打孔灌注，效果良好。

48 福婆鳃金龟 *Brahmina faldermanni* Kraatz, 1892

分布：全县。

寄主：杨树、柳树、榆树、刺槐、桃、李、杏等植物。

形态特征：体长9~12mm。体长卵圆形，被毛，栗褐或淡褐，鞘翅色略浅。唇基梯形，密布深大刻点，前部刻点具毛，前缘横直，额头顶粗糙，粗大刻点皱密。触角10节，雄虫鳃片部较长大，雌虫则短小。前胸背板密布大小浅圆具长毛刻点，侧缘钝角扩阔，锯齿形，齿刻中有长毛，前后侧角钝角。小盾片三角形，布竖毛刻点。鞘翅密布深大具毛刻点，纵肋1可辨。臀板具毛刻点密布。胸下被毛柔长，

腹下密布具毛刻点，后足附节第1节略短于第2节，爪端部深裂，下支末端斜切。

生活习性：1年1代。蛴螬越冬。成虫取食苹果、山枣、杏、刺槐等树的叶片。幼虫危害禾草、灌木的地下部分。

49 介婆鳃金龟 *Brahmina intermedia* (Mannerheim, 1849)

分布：全县。

寄主：山杏、刺槐等植物。

形态特征：体长 13~16mm。长卵圆形，深红褐色，具光泽，体被毛不匀，唇基边缘弯翘，前缘近横直或略弧凹，布密深大短毛刻点，额头顶弧隆，头顶后头间横脊状，横脊前额部刻点之毛最粗长。触角 10 节，鳃片部短于前 6 节长之和，雌虫者则更短小。前胸背板短阔弧拱，散布浅大圆形长毛刻点，侧缘钝角形扩出，角端内侧有 1 不规则裸区，后缘中段无边框。小盾片半椭圆形，布细小毛刻点。鞘翅缝肋发达，4 条纵肋纹明显，盘区长毛刻点稀，侧后部短毛刻点密。胸下被毛柔密，腹下被毛短稀。前足胫节外缘 3 齿，内缘距与外缘中齿对生，中、后足胫节均有端距 2 枚，后足胫节外后棱有呈列棘突 6 枚，后足第 1、2 跗节等长，爪短，深切。

生活习性：1 年 1 代。蛴螬越冬。成虫取食苹果、山杏、刺槐等树的叶片。幼虫危害禾草、灌木的地下部分。

50 斑单爪鳃金龟 *Hoplia aureola* (Pallas, 1781)

分布：红羊乡。

寄主：山杨、柳。

形态特征：体长 6.5~7.5mm。体黑褐色至黑色，鞘翅浅棕褐色。体表密被颜色有异鳞片。头密被纤毛；额具金黄或银绿色圆形至椭圆形鳞片与纤毛相间而生。触角 9 节，鳃片部 3 节。前胸背板密被圆大金黄或银绿色鳞片，期间杂生粗短纤毛；有些个体具 4 或 6 个黑褐色鳞片组成的斑点，前 4 后 2 横向排列；前侧角锐角前伸，后侧角钝角形，侧缘弧形，锯齿形，齿刻间具毛。小盾牌半椭圆形，密被金黄色鳞片，前中鳞片常黑褐色。鞘翅密被圆形或宽短披针形金黄或污黄色鳞片，每鞘翅常有 7 个黑褐色鳞片斑。有时黑斑模糊不全或消失。足跗节以上背鳞片，胫节无端距；前足胫节外侧有 3 枚齿，基齿小，跗节端部 2 爪，中爪大，端部上缘分裂，小爪较弱；后足胫节壮实，末端向下延伸如角突，跗节具完整的 1 爪。

51 黑绒金龟 *Maladera orientalis* Motschulsky, 1857

分布： 全县。

寄主： 梨树、桃树、杏树、枣树。

形态特征： 体长 6~9mm。近卵圆形，体黑褐或棕褐色，体表较粗而晦暗，有微弱光泽。唇基布挤皱刻点，有少量刺毛，中央微隆凸，额唇基缝钝角形后折；额上刻点稀浅，后头光滑。触角 9 节，少数 10 节，雄虫触角鳃片部长大，约为其前 5 节长之和。前胸背板短阔，后缘无边框。小盾片长大三角形，密布刻点。鞘翅有 9 条刻点沟，沟间带微隆，散布刻点，缘折有成列纤毛。胸部腹板密被绒毛，腹部每腹板有 1 排毛。前足胫节外缘 2 齿；后足胫节布少数刻点，胫端 2 端距着生于跗节两侧。

老熟幼虫： 体长约 16mm，头部黄褐色，胴部乳白色，多皱褶，被黄褐色细毛，肛腹片上有 2~8 根刺，横向排列成单行弧状。

蛹： 体长 6~9mm，黄色，裸蛹，头部黑褐色。成虫食嫩叶，芽及花；幼虫为害植物地下组织。

生活习性： 成虫飞翔力强，有趋光性和假死性，多在白天活动；低温时活动力弱，多在地面上爬行，很少飞行，黄昏时入土潜伏在干湿土交界处；成虫喜食榆叶、杨叶及柳叶。幼虫以腐殖质和嫩根为食。

防治方法：

农业防治： 成虫发生期于傍晚震落捕杀。苗圃或新植果园中，在成虫出现盛期的下午 3 时左右，插蘸有 80% 敌百虫 100 倍液的榆、柳枝条，诱杀成虫，可收到良好效果。

物理防治： 在成虫发生期可设置黑光灯诱杀之。

药剂防治： 成虫发生量大时，树上喷 10% 安绿宝 2000 倍液，或 25% 绿色功夫 2000~2500 倍,40% 速扑杀乳油 1500 倍液，或 20% 好年冬乳油 2000 倍液。

隐头叶甲科 Cryptocephalidae

52 绿蓝隐头叶甲 *Cryptocephalus regalis cyanescens* Weise

分布： 红羊乡。

寄主： 榆树（叶）。

形态特征: 体长 5~6mm。体背金绿色，有时呈蓝色、蓝紫色或铜色；鞘翅无斑，盘区具明显横皱纹，刻点紧密，杂乱排列。

生活习性： 危害榆树等林木。

肖叶甲科 Eumolpidae

53 杨梢肖叶甲 *Parnops glasunowi* Jacobson, 1894

分布：全县。

寄主：柳树、杨树。

形态特征：体长 5.0~6.5mm；体宽 2.1~3.0mm。体狭长，底色黑色或黑褐色，背腹面全面密被灰白色鳞片状毛。额唇基、上唇和足淡棕红或淡棕黄色。头宽，基部嵌于前胸内；复眼内缘稍凹切；唇基横宽，与额之间无分界，前缘中部稍凹，弧形；上唇横宽，前缘凹切。触角丝状，等于或稍超过体长之半，第 1 节粗大，长椭圆形，第 2 节短于第 3 节而稍粗，4 节稍长于 3 节而短于其后各节。前胸背板矩形，宽大于长，与鞘翅基部近于等宽，前缘稍弧弯，侧缘平直，前角圆形，稍向前突出，后角成直角。小盾片舌形。鞘翅两侧平行，端部狭圆，肩部不明显隆起。前胸前侧片前缘稍凹。前胸腹板狭而隆起；中胸腹板狭长。足粗壮，中、后足胫节端部外侧稍凹切；跗节 1~3 节宽，略呈三角形；爪双裂。

生活习性：此虫的成虫食害寄主植物的幼苗或新梢，残食梢部的叶柄和叶片，造成秃梢。成虫多集中在林木的树冠或林丛中，白天活动，有假死性。卵产于土中，幼虫孵化后，在土中食害植株的幼根。

叶甲科 Chrysomelidae

54 柳十八斑叶甲 *Chrysomela salicithroax* (Fairmaire, 1888)

分布： 全县。

寄主： 柳树（叶）。

形态特征： 体长 6.3~8.0mm，体宽 3.6~4.5mm。体长卵形。头部、前胸背板中部、小盾片和腹面深青铜色；前胸背板两侧、腹部两侧棕黄色至棕红色；鞘翅棕黄色或草黄色，每翅具 9 个黑蓝色斑，中缝 1 狭条蓝黑色；足棕黄色，腿节端半部蓝黑色至沥青色；触角端末 5 节黑色，基部棕黄色。头顶中央具 1 纵沟痕，唇基凹陷，刻点粗密。触角仅伸达前胸背板基部，第 2 节粗，近似球形，略短于第 3 节，后者约与第 4 节等长，端末 5 节较粗短。前胸背板盘区中部较平，沿中线具 1 纵沟痕，刻点细密，以基部较粗；两侧略隆起，其内侧凹陷。鞘翅黑斑颇有变化，有时黑斑较小，有时黑斑完全消失；盘区刻点密、混乱。各足胫节外侧面沿中线内凹，呈沟槽状。鞘翅黑斑变异大，标准型为 18 斑，也有 5 斑、4 斑、2 斑、无斑型。

55 柳蓝叶甲 *Plagiodera versicolora* (Laicharting, 1781)

分布： 全县。

寄主： 柳树。

形态特征： 体长 4mm 左右，近圆形，深蓝色，具金属光泽，头部横阔，触角 6 节，基部细小，余各节粗大，褐色至深褐色，上生细毛；前胸背板横阔光滑。鞘翅上密生略成行列的细点刻，体腹面、足色较深具光泽。

生活习性： 1 年 4~5 代，以成虫在土壤中、落叶和杂草丛中越冬。翌年 4 月柳树发芽时出来活动，为害芽、叶，并把卵产在叶上，成堆排列，每雌产卵千余粒，卵期 6~7 天，初孵幼虫群集为害，啃食叶肉，幼虫期约 10 天，老熟幼虫化蛹在叶上，9 月中旬可同时见到成虫和幼虫，有假死性。

防治方法：为害严重的可喷洒 20% 菊杀乳油 2000 倍液或 2.5% 氯氰菊酯 1000~1500 倍液、20% 虫死净可湿性粉剂 2000 倍液。

56 毛胸钳叶甲 *Labidosiomis pallidipennis* (Gebler, 1830)

分布：红羊乡。

寄主：榆树（叶）。

形态特征：头胸部黑色至蓝绿色，具有金属光泽；触角基部 3~4 黄褐色，端部黑色；小盾片黑色，带蓝绿色；鞘翅橙黄色；足黑色。头胸部具较密集短绒毛。鞘翅具密集较粗刻点。

生活习性：危害榆、柳等植物。

57 阔胫萤叶甲 *Pallasiola absinthii* (Pallas, 1773)

分布：红羊乡。

寄主：榆树。

形态特征：翅具有刻点，雄虫腹节末端中央凹陷。**卵：**呈长圆形、淡黄色。长1.8mm，宽1.2mm，光滑。**幼虫：**长10.0~13.0mm，咀嚼式口器，胸足3对，黑色，无腹足，体背具黑毛。**蛹：**黑褐色或浅黄色，长12mm，前、中、后胸部各有一撮较长的灰白色毛，腹部各节密布绒毛，头顶和胸部为黑褐色，腹部为黄褐色。

生活习性：1年1代，以卵在土壤中越冬。越冬卵于次年5月上旬开始孵化，中旬为孵化盛期。刚孵出的幼虫群聚于合头草、紫菀木等植物茎基部或距根部0.5cm的土层处，并采食刚萌发的嫩芽、幼叶。6月中旬为危害盛期，6月底至7月初成熟幼虫入室化蛹，7月中旬为化蛹盛期，7月底出现成虫，8月上旬为羽化盛期，8月中旬交尾产卵，成虫相继死亡，卵产于寄主植物根部0.5~1.0cm的土层中越冬。

叩甲科 Elateridae

58 宽背金针虫 *Selatosomus latus* (Fabricius, 1801)

分布：红羊乡。

寄主：榆树（根）。

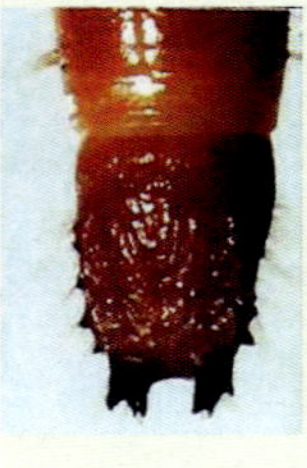

形态特征：体长14.5~15.0mm。体褐铜色，被黄色绒毛。额扁平，前部及两侧刻点密。前胸宽大于长，两侧圆弧形拱出，侧缘向前内弯，向后微弱波状；前缘宽凹，前角短；后缘波状；中纵沟明显；背面凸，密被刻点。后角长，分叉，有1条脊。小盾片宽，两侧呈弧形拱出。鞘翅基部较前胸宽，渐向中部变宽后收狭；表面沟纹明显，基部凹，其中有刻点显；沟间平坦，具小刻点。

幼虫：体长 20.0~22.0mm，体棕褐色。腹部背片不显著凸出，有光泽，隐约可见背纵线。腹部第 9 节端部变窄，背片具圆形略凸出的扁平面，上覆有 2 条向后渐近的纵沟和一些不规则的纵皱，其两侧有明显的龙骨状缘，每侧有 3 个齿状结节。尾节末端分岔，缺口呈横卵形，开口约为宽径之半。左右两岔突大，每一岔突的内枝向内上方弯曲；外枝如钩状，向上，在分枝的下方有 2 个大结节：一个在外枝和内枝的基部，一个在内枝的中部。

蛹：的体长约 10.0mm。初蛹乳白色，后变白带浅棕色，羽化前复眼变黑色，上颚棕褐色。前胸背板前缘两侧各具 1 尖刺突，腹部末端钝圆状，雄蛹臀节腹面具瘤状外生殖器。

宽背金针虫如遇过于干旱的土壤，不能长期忍耐，但能在较干旱的土壤中存活较久，此种特性使该种能分布于开放广阔的草原地带。在干旱时往往以增加对植物的取食量来补充水分的不足，为害常更突出。

生活习性： 5 年 1 代。以各龄幼虫或成虫在 15.0~85.0cm 的土层中越冬。成虫一般昼伏夜出，有趋光性。

59 黑色锥胸叩甲 *Ampedus nigrinus* (Herbst, 1784)

分布： 红羊乡。

寄主： 柞。

形态特征： 体长 10.0~11.0mm。体黑色至黑褐色，有金属光泽，被暗褐色或灰色毛。额突起，向前渐尖，具刻点。触角红褐色。前胸长宽近相等，向前收狭，侧缘拱出，后角小，脊弱，表面布细而分散的刻点。鞘翅和前胸

等宽，两侧近平行，具弱的刻点状条纹。足红褐色，跗节颜色更深。体腹面黑色，被绒毛，有光泽，腹部褐色。

生活习性： 成虫常见于6月。

天牛科 Cerambycidae

60 大牙锯天牛 *Dorysthenes paradoxus* Faldermann, 1833

分布： 全县。

寄主： 杨、柳、榆（根部）。

形态特征：成虫： 体长33~41mm，宽12.5~15.5mm。棕栗色至黑褐色稍带金属光泽，触角、足红棕色。头长大，向前突出，中央具细纵沟。上颚特长，呈刀状，彼此交叉，向腹面后弯。下颚须末端膨大成喇叭状。触角12节。雄虫触角伸达鞘翅近中部，第3~10节各节外端角尖锐；雌虫触角细短。前胸短阔，侧缘具2齿紧挨，前齿小，中齿尖大。小盾片舌形。鞘翅基部芝大，向后端渐窄，肩钝圆，颖角直尖，每鞘翅具二或三条纵脊。雌虫腹基中央向前弧突。足第3跗节两叶状，第4跗节短小，双爪。

老熟幼虫： 体长65~75mm，前胸宽14~16mm，体粗大，呈圆筒形，向生稍窄；头近方形额前缘脊前突弧形，中央凹切，后唇基两侧齿突端钝。上唇横卵形，前端密生粗短毛。上颚漆黑色。侧单眼不明显。触角3节，端节细柱状，长略大于宽。前胸横宽，为长的2倍，被稀疏细毛。胸足短小，4节。腹部步泡突具横光，表面光滑，无瘤突，腹部第1~6节侧片上有放射形侧盘。肛门孔3裂。

生活习性： 幼虫生活于土中，危害杂草及杨、柳、榆等植物的根部。

61 黄带蓝天牛 *Polyzonus fanciatus* (Faimaire, 1781)

分布： 全县。

寄主： 榆属。

形态特征： 体长 14~20mm。体色和斑纹变化很大，头、胸部深蓝绿、深蓝或蓝黑色，有光泽；鞘翅蓝黑、蓝紫、蓝绿或绿色，基部往往有光泽，中央有 2 条淡黄色横带，带的形状变化很多。触角和足呈蓝黑色。前胸面密布粗糙刻点，皱纹不明显，侧刺突尖端锐，鞘翅被白色短毛，身体腹面有银灰色短毛。

生活习性： 寄主主要为柳属、菊科植物。

象甲科 Curculionidae

62 西伯利亚绿象 *Chlorophanus sibiricus* Gyllenhyl, 1834

分布： 全县。

寄主： 杨、柳、桃、梨、苹果等多种植物。

形态特征： 体长 9.5~10.8mm。体梭形，黑色，密被淡绿色鳞片。前胸两侧和鞘翅行间 8 的鳞片黄色。喙短，长略大于宽，两侧平行，中隆线明显，延长到头顶。触角沟指向眼，柄节长仅达眼的前缘，索节 1 短于 2，3~7 节长大于宽。前胸宽大于长，基部最宽，后角尖，两侧从基部至

中间近于平行，背面扁平，散布横皱纹。小盾片三角形。鞘翅行间刻点深，中间以后逐渐不明显，鞘翅端部形成锐突。雄虫前胸腹板前缘突

出成领状，喙和前胸较长，锐突也较长，雌虫中足胫节端齿特别长，锐突较短。

生活习性：寄主为苹果、柳、杨、枸杞等。

63 红背绿象 *Chlorophanus solaria* Zumpt

分布：红羊乡。

寄主：榆树。

形态特征：体长9.5~10.5mm。黑色。头、前胸、鞘翅大部分被砖红色具光泽的鳞片，其间散布长毛。前胸、鞘翅两侧被淡绿色鳞片。触角、跗节红褐色。喙长略大于基宽，从基部向前缩窄，有5条隆线，中隆线长达额，边隆线、亚边隆线达到或超过眼的前缘；触角沟短；触角密被灰色长毛，柄节具绿色鳞片，棒节长卵形，端部尖。前胸短于基宽，两侧淡绿色。小盾片三角形，淡绿色。鞘翅扁平，肩部略呈角状突起；行间1~6被砖红色鳞片，行间7~11被

覆淡绿鳞片，行间1被较多绿鳞片。雄虫前胸腹板领明显，腹板1、2中间凹。雌虫略胖，前胸和鞘翅背面暗褐色。足被草绿发金光的鳞片。

生活习性：寄主为云杉、杨、柳、枸杞等。

64 金绿尖筒象 *Myllocerus scitus* Voss, 1942

分布：红羊乡。

寄主：榆树。

形态特征：体长9.5~10.5mm。黑色。头、前胸、鞘翅大部分被砖红色具光泽的鳞片，其间散布长毛。前胸、鞘翅两侧被淡绿色鳞片。触角、跗节红褐色。喙长略大于基宽，从基部向前

缩窄，有5条隆线，中隆线长达额，边隆线、亚边隆线达到或超过眼的前缘；触角沟短；触角密被灰色长毛，柄节具绿色鳞片，棒节长卵形，端部尖。前胸短于基宽，两侧淡绿色。小盾片三角形，淡绿色。鞘翅扁平，肩部略呈角状突起；行间1~6被砖红色鳞片，行间7~11被覆淡绿鳞片，行间1被较多绿鳞片。雄虫前胸腹板领明显，腹板1、2中间凹。雌虫略胖，前胸和鞘翅背面暗褐色。足被草绿发金光的鳞片。

生活习性：寄主为云杉、杨、柳、枸杞等。

65 甜菜毛足象 *Phacephorus umbratus* Faldermann, 1835

分布：西安镇、史店乡、树台乡。

寄主：杏树。

形态特征：体长7.0~7.5mm。体细长而扁，黑褐色，被覆不发光的灰色，褐色鳞片，散布闪光的银灰或黑褐色毛。喙短宽，中沟短，宽而深。触角红褐色，柄节弯，长达前胸前缘；棒节细长而尖。额宽而扁平，眼突出。前胸长宽相等，中间之前最宽，背面散布颗粒。小盾片近于白色。鞘翅背面扁平，两侧平行，后端逐渐缩窄，行纹细而明显，行间扁平，鞘翅奇数行间散布较多斑点，斑点密布黑褐色毛，行间5端部形成翅瘤，鞘翅端部钝圆，末端缩成锐突。

卵: 椭圆形，浅黄色，长 1.2~1.3mm，宽 1.0~1.1mm。

幼虫: 虫体白色，由 12 节组成。头呈黄褐色，刚孵化幼虫被刚毛覆盖，无足，借助于刚毛能迅速地在上中移动，幼虫 5 个龄期，5 龄幼虫头宽 2.5mm，体长 12.5mm。

蛹: 裸蛹，体长 10~15mm，宽 56mm。

生活习性: 1 年 1 代，主要以成虫越冬，也有少数蛹和幼虫越冬。甜菜象越冬成虫，在春季出土时间受温度影响，通常在地表温度 8~11°C时开始活动，由于越冬成虫（或幼虫，蛹）栖息深度不一，各土层土温回升也有差异，所以越冬成虫出土时间不整齐，从 4 月上旬延续至 7 月下旬，在内蒙古西部，3 月下旬就有零星出现，出土盛期在 4 月下旬至 5 月初，5 月上旬开始产卵。由于成虫出土前后不一，而且个体产卵期长，所以各虫态堆叠出现，5 月底可初见幼虫，7 月初见蛹，9 月底大多羽化为成虫。一般来讲，甜菜象越冬成虫为害早期，正值甜菜幼苗出土或有 1 对真叶，1 头成虫在 1 天内可食害幼苗 15~20 株，气温在 8°C以下和 32°C以上时，食量减少或停止，5 月中旬至 6 月中旬进入为害盛期，在无风晴天为害最强烈。成虫为害期可延续至 9 月上旬，后期主要食害甜菜心叶。越冬后的成虫，在气温较低的情况下，多靠爬行迁移，每天能爬行二三百米。成虫飞翔力不强，在气温 25~30°C时，每次可飞 200~500m，成虫耐饥力强，在不取食的情况下，一般可存活 30~40 天，个别长达 5 个月，成虫寿命长达 120 天。成虫在 5 月上中旬气温达 20°C以上时开始产卵，多产在甜菜和滨藜、苋等杂草根基表土中，散产，每处数粒至十余粒。6 月下旬至 7 月下旬为产卵盛期，末期可延至 8 月下旬。1 雌可产卵 70~200 粒，多者达 400 粒，一般产卵期 30 天在右，长者可达 60~70 天。卵经 10~20 天孵化出幼虫。初孵幼虫常隐伏在表土层，为害接触地面的叶片，咬成圆形的孔洞。低龄幼虫常在甜菜根部周围 10~15cm 处食害幼根。随着甜菜根系生长及土温变化，幼虫栖息深度也有所变化，一般集中在 20~30cm 深处，最深可到达 60cm，高龄幼虫可将甜菜主根咬成孔洞，严重时可以使甜菜植株枯死。根部的伤口常受根腐病菌侵染而引发腐烂。幼虫为害期主要在 7、8 月份。在发生严重的地块，

1 株甜菜的根部，一般集中幼虫 5~6 头，多达 40 头，幼虫共 5 龄，历期 45~90 天，老熟幼虫在土中 15~30m 处营建内壁光滑的椭圆形土室，并在其中化蛹，蛹期 15 天左右。当年秋季大部份羽化为成虫，就留在土室中越冬。喜欢温热干燥的气候，故在干旱地区此虫数量多而为害烈。当土温达 45°C时，蛰伏的成虫开始向上移动聚集在表土层下。当气温达 6~8°C，在田间开始活动。气温到达 10°C、土温到达 12°C时，即大量出土活动。气温高于 15°C时，活动强烈。在阴湿的天气，相对湿度超过 80% 时，即便温度很高，象虫也不大活动。土壤疏松有良好通气的耕作层有益此虫发育，故在沙土、沙壤土或土壤不阴湿的地区，此虫大量发生。反之雨水多、湿冷、黏重的土壤发生少。秋冬耕翻愈深，则成虫入土也愈深，次年春季出土亦晚，这就减轻了早春为害。甜菜地播前整地不好，地内土块很多，使成虫有栖息隐蔽处，故产生较多，而整地细致的甜菜地内则发生较少。

防治方法：

（1）实行大面积轮作。种甜菜不能重茬或迎茬，应在距上一年的甜菜地 500m 之外地块种甜菜。

（2）认真履行甜菜播种技术，作好秋整地增施磷肥

（3）苗期喷药 5 月上旬甜菜象虫大发生时，喷洒 5%吡虫啉 2000 倍液、5% 溴氰菊酯 2500 倍液或 5% 高效氯氰菊酯 3000 倍液。

66 蒙古土象 *Xylinophorus mongolicus* Faust, 1881

分布：全县。

寄主：杨树。

形态特征：头和喙密被发铜光的鳞片，鳞片间散布细长鳞片状的毛；喙扁平，基部较宽，中沟细，长达头顶；触角索节 1 长几乎等于 2 的 2 倍，3 长略等于宽，其他节宽大于长，棒长卵形，长略大于宽的 2 倍，端部尖；额宽于喙。前胸宽大于长，两侧凸圆，前端略缢缩，后缘有明显的边，背面中间和两侧被覆发铜光的褐色鳞片，中间和两侧之间被覆白色鳞片，从而

形成 3 条深纵纹和两条浅纵纹。小盾片三角形，有时不明显。鞘翅宽于前胸，雌虫特别宽，行间 3，4 基部被覆白色鳞片，形成白斑，肩有 1 个白斑，其余部分被覆褐色鳞片，并掺杂少数白鳞片；行纹细而深，线形，行间扁，散布成行细长的毛，毛的端部截断形，端部的毛端部尖。足被覆鳞片和毛，前足胫节内缘有钝齿 1 排，端部向内外放粗，但不向内弯。雄虫较小，前胸宽略大于长，腹部末节端部钝圆；雌虫较粗壮，前胸宽大于长，腹板末节端部尖，基部两侧有沟纹。

生活习性： 寄主为苜蓿、苹果、梨、杨、刺槐、核桃、柳等。2 年 1 代。以成虫、幼虫在土中越冬，翌年 4 月出土，5 月孵化，9 月入土越冬。越冬幼虫翌年 6 月化蛹，7 月羽化。

67 亥象 *Heydenia crassicornis* Tournier, 1874

分布： 红羊乡。

寄主： 柠条。

形态特征： 体长 3.5~4.5mm。体卵球形，体壁黑色。触角、足黄褐色，被覆石灰色圆形鳞片。触角和足散布较长的毛，头和前胸的毛很稀。喙粗短，端部扩大，两侧隆，中间呈沟状。触角位于侧面，颇弯，柄节直，向端部渐宽；索节1节略粗而长于2节，2节长于3节，3~7节宽大于长，棒卵形。前胸宽大于长，两侧略圆，背面颇，有3条褐色纹。小盾片三角形。鞘翅近球形，行间有1行很短而倒伏毛，鞘翅行间4之间有1个褐色斑，其后缘为弧形，长达鞘翅中间，褐斑后外侧形成1淡斑，二斑之间形成1条灰色“U”形条纹。足粗，腿节棒状，胫节直，胫窝关闭，跗节宽，爪合生。

生活习性：寄主为茵陈蒿、锦鸡儿属植物。

68 臭椿沟眶象 *Eucryp torrhynchus* brandti (Harold)

分布：郑旗乡、曹洼乡、史店乡。

寄主：椿树。

形态特征：**成虫：**体长12~20mm，呈长卵形，凸隆，体壁黑色。触角暗褐色，鞘翅被覆乳白、黑色和赭色细长鳞片。头部散布互相连合的大而深的大刻点，喙长于前胸，触角膝状。在喙两侧生有一对复眼，略突出，沟眶很深。前胸背板散布粗刻点，基部约1/3处最宽，向前猛缩窄，向后略缩窄，两侧各有一胝，被覆赭色鳞片；小盾片略突出，钝圆形；眼叶发达；中隆线纵贯全长。雄虫可见背板8节，雌虫7节，是区分雌雄的稳定性状；腹板5节，雄虫腹板末节有白色或者褐色斑点，雌虫没有。

卵：黄白色，椭圆形，长径约1.68mm，短径约0.88mm，长宽比接近2：1，

柔软易碎。为单粒散产。

幼虫：初孵幼虫浅黄色，长

约 2.32mm，体宽 0.72mm。头部颜色最深，浅褐色，胸部其次，虫体颜色最浅。随着虫体的发育，上颚、头部和前胸背板颜色不断加深变为褐色。头颅坚硬骨化较强，头部与前胸之间靠一宽颈片相连，虫体骨化较弱，腹部分节明显，每节背部两侧褶皱较深。前胸及体节两侧生有环状气门。老熟幼虫长 2.5~2.8cm，常弯曲似“C”形，稀疏着生刚毛。

蛹：长 18.0~22.0mm。黄白色，腹部末端略弯曲，喙长于前胸，基部 2/3 着生一些刚毛，以后的部分圆筒形，前胸呈梯形，前胸前缘有 4 根瘤状刚毛，中后部有 6 根瘤状刚毛，后 1/2 部两侧各生 3 根刚毛。中后胸在背部愈合，中间呈“V”形排列的 8 根刚毛，后部与腹部背板结合处隆起。足腿节端部外侧着生 2 根刚毛、鞘翅肩部最宽，向后逐渐紧缩，肩很突出。翅面翅脉明显，在翅脉上整齐着生小刚毛。

生物学特性：1 年发生 1 代。各虫期发育不整齐，以幼虫和成虫在 20.0~70.0cm 的土层越冬。越冬成虫 4 月上旬开始活动，5 月下旬为越冬代成虫盛发期。越冬幼虫在次年 4 月下旬至 6 月中旬于 20cm 左右深的土层中化蛹，5 月下旬到 6 月上旬为羽化盛期。5 月初成虫开

始产卵，卵期 7~10d，幼虫 6 龄，历期 60~75d，蛹期 10~14d，当年成虫在 7 月底到 8 月又出现一次盛发期，成虫大多羽化在土层中，也有在树干上，随后大量取食嫩梢和叶片以补充营养，在 20°C ~25°C的自然温度下成虫便开始交配产卵。

生活习性：成虫不善飞行，喜聚在一株树上危害，通过较长的喙啃食椿树枝条幼芽和韧皮部，受危害的树体流出透明胶汁，不久即凝固。幼虫主要在树根部危害。越冬幼虫在 4 月下旬至 5 月化蛹后羽化，在树根基部地面 1m 的范围出现羽化成虫爬出的洞。老龄幼虫靠身体的摆动做椭圆形“蛹室”，在“蛹室”中化蛹。蛹为离蛹，不能运动，在自然状态下一般是腹面朝上，当受到外界刺激

时，只能扭动腹部。蛹起初呈乳白色，体壁、鞘翅较柔软，随发育期增加逐渐变成黄白色，体壁也变得稍坚硬。初羽化的成虫白色，逐渐变浅黄、棕黄色，先是足变红变黑，依次为前胸背板、腹板、翅、身体其他各部变为棕红色，然后棕红色变成暗紫红色，最后渐变成黑色，此期大约 2d，腹面暗紫红色要持续较长一段时间才能完全变黑。

防治方法： 加强植物检疫，勿栽植带虫苗木，一旦发现应及时处理，严重的整株拔掉烧毁。同时，无论是苗圃还是园林绿化工程都应控制臭椿或千头椿纯林的栽植量，减少虫源和防止虫害蔓延。

人工防治：

(1) 用螺丝刀挤杀刚开始活动的幼虫。4月中旬，逐株搜寻可能有虫的植株，发现树下有虫粪、木屑，干上有虫眼处，即用螺丝刀拨开树皮，幼虫即在蛀坑处，极易被发现。这项工作简便有效，只是应该提前多观察，掌握好时间，应在幼虫刚开始活动，还未蛀入木质部之前进行。

(2) 利用成虫多在树干上活动、不喜飞和有假死性的习性，在 5 月上中旬及 7 月底至 8 月中旬捕杀成虫。

药剂防治： 成虫发生器喷 2.5% 溴氰菊酯 1500 倍液毒杀树冠捕食的成虫。

物理防治： 成虫盛发期，在树干上缠绕捕虫网，树干上绑块塑料布上涂黄油，阻止成虫上树取食和产卵为害。

69 云杉叶象 *Phyllobius sp.*

分布： 南华山。

寄主： 云杉、落叶松。

形态特征： **成虫：** 体长 7~8mm、宽 2.5~3.0mm，呈灰褐色。雄成虫较雌成虫略小。复眼为黑色，椭圆形半突起 触角膝状，呈红褐色，着生白色绒毛，末端 3 节膨大呈棒状。短喙。前胸背板上有一个由黑色短毛排列成放射状的圆形图案，小盾片半卵圆形，较小，呈白色。鞘翅中央各有一块白色斑块，并各具 10 条刻点列。腹节 4 节。足的腿节膨大。**卵：** 椭圆形，长 1.0~1.2mm，乳白色。**幼虫：** 体长 6~7mm，呈乳白色或淡褐色。形状呈“c”形，上着生白色绒毛。头呈红褐色，胸部略有 3 对乳状突起。

蛹： 椭圆形，体长 5~6mm，乳白色或淡褐色。复眼红褐色。头管向下至前胸，前端有一对明显的褐色的齿。触角柄节紧贴头部，鞭节向下伸至后足腿节处。后足腿节和胫节呈三角形，外露在鞘翅外端。腹部有乳状突起，上着生白色绒毛。

生活习性： 危害云杉、落叶松等，1 年 1 代，成虫于 5 月下旬羽化，初羽化成虫留土室内，2~3 天后出土补充营养。取食云杉、落叶松针叶，造成针叶呈缺刻状，之后，针叶开始逐渐干枯。危害严重的林缘木及孤立木虫口密度大时，常常造成整株树叶枯死。6 月上旬交尾。成虫有假死性，飞翔力弱，成虫没有趋光性，对糖、醋、酒精、水配置的各处理溶液没有趋性，对蜂蜜没有趋性。7 月下旬开始产卵，产卵位置在落叶层下，一次产卵 8~12 粒。9 月中旬幼虫开始活动，取食土壤腐殖质幼虫主要分布在落叶层下土层内 5~30cm 范围内，具体因腐殖质厚度、土层厚度、土壤水分情况而异。常见 3~5 只幼虫成群穴居土内，虫体外包裹一层较硬土壳。10 月下旬，土壤逐渐冻结，幼虫开始越冬。越冬代幼虫 4 月下旬开始活动，仍然取食土壤腐殖质，没有发现危害林木根系的现象。

防治方法： 喷洒 10% 吡虫啉，烟剂熏防、震落成虫等方法。

卷象科 Attelabidae

70 梨卷叶象 *Byctiscus betulae* (Linnaeus, 1758)

分布： 南华山。

寄主： 杨树、桦树。

形态特征： 成虫体长小于 1 cm，头向前延伸呈象鼻状，虫体有蓝紫色、蓝绿色、豆绿色等光泽。卵，小米粒大小，椭圆形，乳白色，半透明。幼虫，长约 0.7 cm，头棕褐色，全身乳白色，微弯曲。

生活习性： 1 年 1 代，以成虫在地面杂草或土中作土室越冬。翌年春季的 4 月下旬至 5 月上旬杨树发芽时，成虫开始出蛰，为害嫩芽和嫩叶，补充营养后将叶卷成筒状。雌虫把卵产在卷叶上，叶片成卷时，把卵包囊在叶里。每 1 个卷叶有卵 3~4 粒，卵期 6~7 天，幼虫乳化后在卷叶内取食为害，致使受害叶片干枯或脱落，老熟幼虫从卷叶中钻出入土化蛹。8 月上旬羽化，有部分成虫从土中钻出，在杂草中越冬，也有一部分留在土中越冬。

防治方法：

（1）新建果园禁用杨树作防风林。

（2）5~6 月，人工摘除虫卷，集中烧毁。老果园附近有杨树与果树同时防治。

芫菁科 Meloidae

71 西伯利亚豆芫菁 *Epicauta sibirica* Pallas, 1777

分布： 红羊乡。

寄主： 柠条。

形态特征： 体长 12.5~19.0mm。体和足黑色，头红色，复眼的内侧和后方有时为黑色。鞘翅侧缘和端缘有时镶有窄白毛，前足除跗节外被白毛。头部刻点细密，触角基部各有 1 个光亮大黑瘤。雄虫触角 4~9 节成栉齿状，第 4 节宽最多为其长的 2 倍，雌虫触角丝状。前胸长宽略等，两侧平行，前端收狭；背板密布细小刻点和细短黑毛,中央有 1 条纵凹纹，后缘之前有 1 个三角形凹洼。鞘翅基部与端部约等宽，密布细小刻点和微细黑毛。

生活习性： 成虫危害柠条、豆类、甜菜、马铃薯、玉米、南瓜、向日葵、苜蓿、黄芪等，幼虫食蝗虫卵。

72 绿芫菁 *Lytta caraganae* Pallas, 1781

分布： 全县。

寄主： 柠条、槐树。

形态特征： 体长 11.5~16.5mm。体金属绿或蓝绿色，鞘翅具铜色或铜红色光泽。体背光亮无毛，腹面胸部和足毛细短。头部额中央有 1 个橙红色小斑。触角约为体长的 1/3，5~10 节念珠状。前胸宽短，前角隆突，背板光滑，刻点细小稀疏，在前端 1/3 处中间有 1 个圆凹洼，后缘中间的前面有 1 个横凹洼，后缘稍呈波形弯曲。鞘翅具细小刻点和细皱纹。雄虫前、中足第 1 跗节基部细，腹面凹入，端部膨大，呈马蹄形，中足腿节基部腹面有 1 根尖齿。雌虫无上述特征。

生活习性： 成虫危害豆类、苜蓿、黄芪、柠条、槐等，幼虫取食蝗虫卵。

73 大头豆芫菁 *Epicauta megalocephala* (Gebler, 1817)

分布： 红羊乡。

寄主： 柠条。

形态特征： 体长 6.6~13.0mm，宽 1.0~3.0mm。雄性：体黑色。头黑色，额中央具 1 长椭圆形小红斑。触角基部 2 节一侧，唇基前缘、上唇中央暗红色。体密被白短毛。鞘翅中央纵纹平直，长达末端 1/6，有时消失或全黑。头背面刻点较粗密，额部近触角基部内侧具 1 对光亮明显隆起“瘤”。触角长达体中部，第 3 节最长。前胸背板基部中央凹陷。前足腿节腹面端部 1/2 表面凹陷，凹陷处密生横软毛。雌性：“瘤”小；触角仅达体 1/3；后胸、腹部中央背灰白毛。

生活习性： 成虫为害豆科植物、锦鸡儿、甜菜、槐树、苜蓿、马铃薯、菠菜、灰菜、沙蓬等，幼虫取食土蝗卵。

74 西北斑芫菁 *Mylabris sibirica* Fischer von Waldheim, 1823

分布： 红羊乡。

寄主： 柠条。

形态特征： 体长 8.2~10.5mm。头黑色，额中央具 2 个小红斑。鞘翅棕黄色，密布红棕色短毛，具 3 条黑色横斑纹：基横斑内侧沿中缝与小盾片相接，中部横斑相连，端部横斑连接成条纹状；体及鞘翅黑色部

分无蓝绿色金属光泽。头胸部密布黑色长毛；触角 11 节，黑色，3 棒节。中胸前侧片前缘无沟；前胸背板无完整中线。前足腿节腹面端部正常，无横软毛。跗式 5-5-4。跗爪背叶下侧光滑无齿。

生活习性：成虫取食柠条、大豆、甜菜、马铃薯、油茶、桐属植物、菜豆等，幼虫取食蝗卵。

75 圆点斑芫菁 *Mylabris aulica* Ménétriès, 1832

分布：红羊乡。

寄主：柠条。

形态特征：体长 11~23mm。头、前胸和足黑色。鞘翅淡棕色，具黑斑。头密布刻点，中央有 2 个红色小圆斑。触角短棒状。前胸长稍大于宽，两侧平行，前端 1/3 向前收狭，背板密布小刻点。盘区中央和后缘之前各有 1 个圆凹洼。鞘翅具细皱纹，基部疏布黑长毛，基部约 1/4 处有 1 对黑圆斑，中部和端部 1/4 处各有 1 个横斑，有时端部横斑分裂为 2 个斑。

生活习性：成虫危害豆科、野芍药的花；幼虫取食蝗虫卵。

拟天牛科 Oedemeridae

76 青蓝翅拟天牛 *Ditylus laevis* (Fabricius)

分布： 红羊乡。

寄主： 枯木。

形态特征： 体长 15.0~20.0mm。体色多变异，蓝黑色、青蓝色或带有铜绿色。后头、前胸背板中纵线浅。鞘翅具隆脊。体表密布暗色毛。

生活习性： 幼虫栖息于枯木。

拟步甲科 Tenebrionidae

77 条纹琵甲 *Blaps potanini* Reitter, 1889

分布： 李俊乡。

寄主： 植物根或腐食性。

形态特征： 体长 16.0~23.0mm。体卵形，扁长，黑色有弱光泽。上唇前缘具三角形缺刻，有长刚毛；唇基前缘弱弯，基部两侧有 2 个凹坑；头顶扁平，有稠密细毛；后颊突出，向后急剧收缩。前胸背板近于方形；前缘凹陷，无饰边；侧缘向前收缩，饰边完整；基部有弱弯，饰边粗；盘区四周较低陷，有稠密粗刻点和小粒点，盘区光滑，隆起，基部之前呈横沟状。

前胸侧板有纵皱纹和少量粒点；前胸腹突有中沟，垂直下折部分的端部不扩展。鞘翅宽卵形，中后部最宽；侧缘饰边完整；背面有刻点行，边缘有深刻点和小粒点，翅坡有6条纵隆线；翅缝隆起；雄性翅尾较长；雄性第1腹节前缘中部有明显横皱纹，第2、3节两侧有纵皱纹，中间为横皱纹，端部2节有刻点和短毛。

生活习性：幼虫在石块、洞穴内及多种植物根缘沙土内发育，成虫取食植物的根或腐食性。

78 波氏栉甲 *Cteniopinus potanini* Heyd, 1889

分布：曹洼乡。

寄主：云杉、枸子。

形态特征：体长11.0~13.0mm。雄体窄长，前胸背板、鞘翅及足黄色，其余褐色至黑色。上唇近正方形，前缘凹，周缘具浅色长毛，盘区疏布具黑毛细刻点；唇基端部光裸栗色，侧缘具浅色长毛，中部布具黑伏毛刻点；触角长达到鞘翅中部，第11节端部绕缢缩浅色。前胸背板近梯形，端缘与基缘具饰边，侧缘近基部饰边可见，基缘具微弱二湾；盘区拱起，密布黄毛和细刻点；纵中近基部具圆凹。鞘翅窄长；饰边与中缝栗色；盘区密布伏毛；行间扁拱。足基节、转节黑色，腿节、胫节黄色，跗节色稍深，密被深色毛，距与爪较细长。第5腹板具三角形凹，肛节侧板略扩展，具毛丛，中部具宽凹。雌第5腹板与肛节无凹。

生活习性：幼虫在石块、洞穴内及多种植物根缘沙土内发育，成虫取食植物的花粉。

79 红翅伪叶甲 *Lagria rufipennis Marseul, 1876*

分布：红羊乡。

寄主：杨树。

形态特征：体长 6.0~7.5mm。细长，具光泽，头及前胸漆黑色，中、后胸、腹部，中胸小盾片、触角和足黑褐色，鞘翅褐黄色，密被长茸毛，头和胸部茸毛更长，竖立。头宽大于长，较宽于前胸背板；上唇心形，前缘凹陷，唇基前缘平直，额唇基沟深而较短；额区不平坦，有稀疏粗刻点；头顶不隆凸，颊短于复眼横径的 1/2；触角伸达鞘翅中部。前胸背板长宽相等，光亮，具稀疏细刻点；基部两侧收狭，端部较强烈地向末端收狭，后缘宽而突出。鞘翅密布大刻点，向末端渐浅，缘折完整，末端短圆形。雌个体稍大。

生活习性：危害杨、槐树。

跳甲科 Alticidae

80 蓟跳甲 *Altica sanguisobae* Ohno

分布：李俊乡。

寄主：林木、蓟属。

形态特征：体长小于 4.0mm。长卵形，金绿色光亮。触角，足和体腹面较暗；上唇黑色，上颚端部棕红。头顶无刻点，额瘤显突，近似圆形，触角间隆凸呈戟形，上部粗宽下部细狭。触角伸达鞘翅中部，第 3 节约为第 2 节长的 1.5 倍，略短于第 4 节，第 6 节后向端渐粗渐短，其节长约为端宽的 2 倍。前胸背板基前具横沟，其中部直，沟前盘区拱凸，具皮纹状细纹，刻点细密。鞘翅刻点较胸部的粗密深显，表面具颗粒状细纹。

生活习性：危害林木、蓟属植物。

吉丁甲科 Buprestidae

81 绿窄吉丁 *Agrilus viridis* (Linnaeus, 1758)

分布：全县。

寄主：椿、杏。

形态特征：体长 6~9mm。体狭长，腹面稍凸出。鞘翅墨绿色，腹面有金绿色光泽。复眼赤褐或黄铜色。头顶呈多条皱纹，有明显的中沟。触角黑褐色具灰色短茸毛,第 4 节后呈锯齿状。前胸背板横长方形,两侧中间有凹陷，侧缘前部 2/3 处有前宽后窄的缘折，侧缘后角有隆起，前缘线略隆起，较光亮，后缘有 3 个凹陷，背面具横波纹。小盾片三角形。鞘翅基部具凹窝，

肩角凸出，侧缘端部 1/4 处呈齿状突起，近端部钝圆。

生活习性：危害杏、椿、柳、杨、榆等。

皮蠹科 Dermestidae

82 白腹皮蠹 *Dermestes maculatus* Degeer

分布：红羊乡。

寄主：杏、动物性贮藏物。

形态特征：体长 7.2~10.5mm。体背黑色，前胸背板两侧、前缘着生密集白毛。腹面第 14 腹板白色，每个腹板前侧角具 1 黑色毛斑，

腹中线两侧各有1条白色毛带。

卵: 散产在储藏物品的表面。卵发育期的长短与温度有关。23~24°C，经5天卵孵化；在26~27 °C，为3天。在适宜环境条件下，一年可发生6代。最适发育温度18~28°C。在21.3~23.7°C，每雌虫产卵8~45粒。平均卵期3天，幼虫期30天，蛹期7天，一般60~70天即可完成1代。幼虫贪食，常自相残杀，发育完成后即离开食物，寻找化蛹场所化蛹。成虫也能取食为害，善飞翔，一般寿命61~90天。

幼虫: 老熟幼虫粗壮，生有许多刚毛，暗褐色，长10~15mm。在身体背面中央处有一条颜色较浅的带，容易识别。幼虫的生活期较长，23°C约需44天。一般要蜕皮5~6次，甚至12次。幼虫喜欢钻蛀木头或其他坚硬的东西，并且在里面化蛹。所以对木头仓库的危害也很严重。

蛹: 长约7mm，黄褐色，有细毛。冬天，蛹期约35天；2224°C，约14天；在27°C，约10天。

成虫: 白腹皮蠹是一种重要的贮藏物害虫，不但危害各种储藏的粮食，而且危害皮革和皮张。成虫危害贮藏物品，但与其幼虫相比，危害较轻。白腹皮蠹和拟白腹皮蠹很相似，一般难以区分。这两种皮蠹我国均有分布，但白腹皮蠹的分布要比拟白腹皮蠹更为广泛。

白腹皮蠹背面

白腹皮蠹腹面

生活习性： 可在各种粮食、豆类、油料，以及毛皮、皮革、水产品、肉干、鱼干和中药材等储藏物品中发现。白腹皮蠹也是一种世界性的储藏物害虫，对生皮张的储藏带来很多的困难。白腹皮蠹幼虫有钻蛀木头的习性，对木质粮库和其他木质用具的危害也相当严重。白腹皮蠹可能是我国西北地区生皮张的主要害虫。白腹皮蠹生活周的长短与温、湿度有密切关系。在 25 ℃和相对湿度 60%~70% 条件下，完成其生活周约需 70 天。一只雌虫一生能产卵 200~800 粒。

鳞翅目 Lepidoptera

眼蝶科 Satyridae

83 白眼蝶 *Melanargia halimede* (Ménétriès, 1859)

分布： 全县。

寄主： 禾草，榆、桃、苹果等植物。

形态特征： 中型，前翅长 23~30mm，翅白色，前翅近顶角及中部有 2 条黑褐色不规则的斜带，后缘黑褐色。后翅亚缘有中断的黑褐带。反面近顶角有 2 个黑褐色圆斑，中室端有 2 个相连的近长方形的黑褐色斑；后翅中室端脉上有小环斑，下有细横线。

生活习性： 主要危害禾本科牧草及榆、桃等。

白眼蝶正面

白眼蝶腹面

84 蛇眼蝶 *Minois dryas* (Scopoli, 1763)

分布：全县。

寄主：禾草、柠条等多种植物。

形态特征：中型到大型，前翅长28~36mm，黑褐色，前翅有2个黑色眼状纹，纹的中心青白色，后翅近臀角有1个同样的眼状纹，但较小，翅缘齿状。翅反面色较淡，前翅的眼状纹有暗黄色边环，后翅多细的波状纹错综排列，近外缘有暗色带，其内侧有灰白色波状带1条，前后翅眼状斑同正面。

生活习性：成虫多活动于草灌木丛。喜访花。发生期7、8月，可分布至海拔2300m处。蛇眼蝶的幼虫在快入冬的时候从卵里钻出来，然后不吃不喝，趴在草叶上忍受寒冷，直到春暖花开。

蛇眼蝶正面

蛇眼蝶正面

85 牧女珍眼蝶 *Coenonympha amaryllis* (Gramer, 1782)

牧女珍眼蝶背面

牧女珍眼蝶腹面

分布：李俊乡。

寄主：柠条。

形态特征：小型，前翅长 14~17mm，黄色，前翅亚外缘有 3~4 个模糊黑斑，外缘褐色。反面前翅亚外缘有 4~5 个眼斑，后翅有 6 个眼斑，内侧有云状白斑块列。有亚缘线分布，后翅基半部青灰色。

生活习性：危害柠条及香附子、油莎豆等莎草科植物。

粉蝶科 Pieridae

86 暗色绢粉蝶 *Aporia bieti* Oberthür, 1884

分布：南华山。

寄主：蔷薇科。

形态特征：中型，前翅长 23~27 mm，翅脉及其附近黑色，翅面满布黑色鳞粉，使全体呈暗褐色。

生活习性：主要危害蔷薇科植物。

暗色绢粉蝶背面

暗色绢粉蝶腹面

87 斑缘豆粉蝶 *Colias erate* (Esper, 1808)

分布：全县。

寄主：柠条、大豆、苜蓿等多种植物。

形态特征：中型，前翅长 17~26mm，

斑缘豆粉蝶背面

斑缘豆粉蝶腹面

雌雄异色，雄翅黄色，雌翅白色。前翅外缘宽阔的黑色区有黄色纹，中室端有1个黑点，后翅外缘的黑纹多相连成列,中室的圆点在正面为橙黄色，反面为银白色外有褐色圈。

生活习性：危害苜蓿、大豆、百脉根、毛条等豆科植物、蝶形花科植物。

88 钩粉蝶 *Gonepteryx rhamni* (Linnaeus, 1758)

分布：全县。

寄主：枣、酸枣、鼠李等多种植物。

形态特征：中型，前翅长24~29mm，比同类大，后翅Rs脉明显粗大，中室端的橙色点较大，大于其他近似种类，外缘红点也大于其他近似种类。雄翅深柠檬色，后翅淡黄色，雌翅面银白色，反面黄白色，中室端斑淡紫色，后翅Cu脉端尖出不明显。

生活习性：当其在冬眠时，其翅膀颜色、形态与常青藤、冬青、树莓叶都很接近。危害枣、酸枣、鼠李等果树。

钩粉蝶背面

钩粉蝶腹面

89 绢粉蝶 *Aporia crataegi* Linnaeus, 1758

分布： 全县。

寄主： 桃、梨、杏、苹果等植物。

形态特征： 中型，前翅长 27~35mm，前后翅略呈长圆形，翅白色发黄，其他翅脉及外缘黑色，翅面无斑纹，仅前翅外缘脉端略呈灰暗色三角斑。翅的反面白色。身体和触角黑色。

生活习性： 1 年 1 代。成虫发生期为 5~8 月。成虫常会聚集在溪边潮湿的地表吸水，飞行速度不快，数量极多。幼虫寄主为蔷薇科的山杏、梨、苹果、桃等经济作物。绢粉蝶以幼虫越冬，他们的幼虫群集共同织巢过冬，翌年早春植株发芽时便出来取食。

绢粉蝶背面

绢粉蝶腹面

卵

幼虫

蛹

蛱蝶科 Nymphalidae

90 绿豹蛱蝶 *Argynnis paphia* (Linnaeus, 1758)

分布： 全县。

寄主： 蔷薇科。

形态特征： 中型，前翅长 32~39mm，雌雄异色，雄橘红色，雌橘黄色或灰橙色。雄在前中室下有性斑，为 4 条粗黑长斑，翅外缘有 3 列黑斑，后翅基部橘灰色，有不规则的 2 列波状中横线。反面前翅顶角和后翅基半部绿灰色，有金属光泽，有波状中横宽带和 3 列圆斑，后翅淡绿色，外缘带紫色，亚缘有白色线及眼状纹，中部至基部有 3 条白色斜带。

生活习性： 绿豹蛱蝶吃悬钩子、蓟、矢车菊属的花蜜及蚜虫的蜜露。它们的飞行能力很强，也较其他豹蛱蝶活跃，故很多时候可以在树冠看到它们在滑翔。它们喜欢栖息在落叶林地，尤其是针叶林内的榉树。

暗色绢粉蝶腹面

暗色绢粉蝶腹面

91 伊诺小豹蛱蝶 *Brenthis ino* (Rottemburg)

分布： 全县。

寄主： 枣、酸枣、鼠李。

形态特征： 中型，前翅长 24~29mm，比同类大，后翅 Rs 脉明显粗大，中室端的橙色点较大，大于其他近似种类，外缘红点也大于其他近似种类。雄翅深柠檬色，后翅淡黄色，雌翅面银白色，反

伊诺小豹蛱蝶背面

伊诺小豹蛱蝶腹面

面黄白色，中室端斑淡紫色，后翅 Cu 脉端尖出不明显。

生活习性： 当其在冬眠时，其翅膀颜色、形态与常青藤、冬青、树莓叶都很接近。危害枣、酸枣、鼠李等果树。

92 小红蛱蝶 *Vanessa cardui* (Linnaeus, 1758)

分布： 全县。

寄主： 山杨。

形态特征： 翅展长 4.7~6.5cm。翅膀背面橘、褐色；翅端黑色，有明显的白带和小白点。翅膀腹面颜色暗淡，褐或灰色。与大红蛱蝶的区别在于：前翅顶角附近有几个小白斑，翅中域有红黄色不规则横带；后翅基部与前缘同样密生黄色鳞片。

复眼裸出;下唇须粗壮。触角较长，上有鳞片，端部呈明显的锤。前翅径脉 5 条，臀脉 1 条；后翅臀脉 2 条，具肩脉。翅形变化极大，翅面颜色十分丰富,中室通常前翅为闭室,后翅为开室。基部有 2 条沟与头的中脊隔离；两性前足退化,缩在胸部下,无作用，跗节雌蝶 4~5 节，有时略膨大，下方有刺；雄蝶 1 节，多毛，均无爪；胫节上有 1 对距，有爪，有中垫及侧垫。

前翅多呈三角形;中室为开式或闭式;R 脉 5 分支，R2 至 R5 共柄;M1 与 R 脉不共柄;A 脉只有 1 条(2A)。后翅近圆形或近三角形;边缘呈锯齿状;中室开式或闭式;肩区具有较发达的肩横脉(h)；内缘臀区较发达，A 脉有 2 条(2A 及 3A)。卵呈半球形；卵表面具纵脊或横纹；卵散产或聚集在一起。

小红蛱蝶背面

小红蛱蝶腹面

幼虫长圆筒形，头小，蛹为悬蛹。幼虫达 2.8cm。

生活习性： 该物种广泛分布且有长距离迁飞的能力。成蝶在多种植物上吸蜜，特别是菊科植物。幼虫以超过 100 种植物为食，包含菊科、紫草科、锦葵科、豆科、马鞭草科、蔷薇科、蓼科、伞形科、鼠李科、蓟类、荨麻、牛舌草、山杨等植物。

灰蝶科 Lycaenidae

93 婀灰蝶 *Albulina pheretes* Hbn

分布： 全县。

寄主： 百合科植物、云杉林地。

形态特征： 小型。雌雄异色，雄性蓝色有金属光泽，翅缘黑色；雌性黑褐色，基部有浅蓝色分布。缘毛白色。腹面前翅为点斑，后翅为较大白斑，前端斑显现，后中域横斑有 7 个大白斑，前面 2 个内移。

生活习性： 危害百合科植物。

婀灰蝶背面

婀灰蝶腹面

卷蛾科 Tortricidae

94 杨卷麦蛾 *Anacampsis populella* (Glerck)

分布： 全县。

寄主： 杨树。

形态特征： 成虫体长9.0~11.0mm。前翅披针形，灰黑色，外缘有6个等距黑斑，外缘线灰白色，波状纹似“3”字形，翅面具8个不规则云状斑，近翅基部3个呈“V”形。后翅菜刀形，灰褐色，缘毛较长。

老熟幼虫体长12.0~16.0mm，灰绿色，头部黑色，前胸背板大，黄褐色，足黑色，胸腹各节具排列整齐的黑色毛瘤。

生活习性： 1年1代。以卵在枯枝基部韧皮缝内越冬，翌年4月中旬孵化幼虫，5月下旬开始在被害的卷叶内化蛹；6月中旬成虫开始羽化；7月中旬开始产卵；8月中旬为产卵末期。

防治方法： 用5%高效氯氰菊酯2500倍液或5%吡虫啉2000倍液毒杀。

蛀果蛾科 Carposinidae

95 桃小食心虫 *Carposina niponensis* Walsingham

分布： 全县。

寄主： 杏树（果实）。

形态特征： 雌虫体长7~8mm，翅展16~18mm；雄虫体长5~6mm，翅展13~15mm，全体白灰至灰褐色，复眼红褐色。雌虫唇须较长向前直伸；雄虫唇须较短并向上翘。前翅中部近前缘处有近似三角形蓝灰色大斑，近基部和中部有7~8簇黄褐或蓝褐斜立的鳞片。后翅灰色，缘毛长，浅灰色。翅缰雄 1 根，雌 2 根。

卵：椭圆形或桶形，初产卵橙红色，渐变深红色，近孵卵顶部显现幼虫黑色头壳，呈黑点状。卵顶部环生 2~3 圈"Y"状刺毛，卵壳表面具不规则多角形网状刻纹。

幼虫：体长 13~16mm，桃红色，腹部色淡，无臀栉，头黄褐色，前胸盾黄褐至深褐色，臀板黄褐或粉红。前胸 K 毛群只 2 根刚毛。腹足趾钩单序环 10~24 个，臀足趾钩 9~14 个，无臀栉。

蛹：蛹长 6.5~8.6mm，刚化蛹黄白色，近羽化时灰黑色，翅、足和触角端部游离，蛹壁光滑无刺。茧分冬、夏两型。冬茧扁圆形，直径 6mm，长 23mm，茧丝紧密，包被老龄休眠幼虫；夏茧长纺锤形，长 7.8~13.0mm，茧丝松散，包被蛹体，一端有羽化孔。两种茧外表粘着土砂粒。

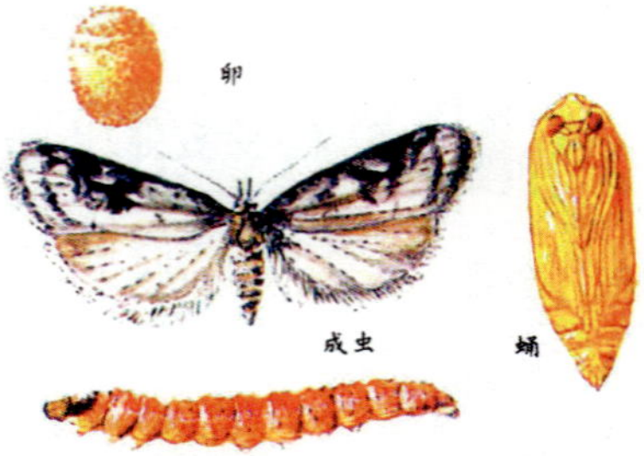

生活习性：1 年 1 代。以老熟幼虫结茧在堆果场和果园土壤中过冬。过冬幼虫在茧内休眠半年多，第 2 年6月中旬开始咬破茧壳陆续出土。幼虫出土后就在地面爬行，寻找树干，石块、土块、草根等缝隙处结夏茧化蛹。蛹经过 15 天左右羽化为成虫。一般 6 月中下旬陆续羽化，7 月中旬为羽化盛期至8月中旬结束。成虫多在夜间飞翔、不远飞，常停落在背阴处的果树枝叶及果园杂草上、羽化后2~3天产卵。卵多产于果实的萼洼、梗洼和果皮的粗糙部位，叶子背面、果台、芽、果柄等处也有。卵经 7~10 天孵化为幼虫，幼虫在果面爬行，寻找适当部位后，咬破果皮蛀入果内。幼虫在果内经过 20 天左右，咬一扁回形的孔脱出果外，落地入土过冬。一般在树干周围 0.6m 范围内过冬的较多，但山地果园因地形复杂、杂草较多，过冬茧的分布不如平地集中。桃小食心虫历年发生量变动较大，过冬幼虫出土、化蛹、成虫羽化及产卵，都需要较高的湿度。如幼虫出土时土壤需要湿润，天干地旱时幼虫几乎全不能出土，因此每当雨后出土虫量增多。成虫产卵对湿度要求高，高湿条件产卵多，低湿产卵少，有时竟相差数十倍，干旱之年发生轻。

防治方法：（1）减少越冬虫源基数。在越冬幼虫出土前，将距树干 1m 的范围、深 14cm 的土壤挖出，更换无冬茧的新土；或在越冬幼虫连续出土后，在树干 1m 内压 3.3~6.6cm 新土，并拍实可压死夏茧中的幼虫和蛹；也可用直径 2.5mm 的筛子筛除距树干 1m，深 14cm 范围内土壤中的冬茧。

（2）在幼虫出土和脱果前，清除树盘内的杂草及其他覆盖物，整平地面，堆放石块诱集幼虫，然后随时捕捉；在第一代幼虫脱果前，及时摘除虫果，并带出果园集中处理。

（3）在越冬幼虫出土前，用宽幅地膜覆盖在树盘地面上，防止越冬代成虫飞出产卵，如与地面药剂防治相结合，效果更好。

生物防治：桃小食心虫的寄生蜂有好几种，尤以桃小早腹茧蜂和中国齿腿姬蜂的寄生率较高。桃小甲腹茧蜂产卵在桃小卵内，以幼虫寄生在桃小幼虫体内，当桃小越冬幼虫出土做茧后被食尽。因此可在越代成虫发生盛期，释放桃小寄生蜂。在幼虫初孵期，喷施细菌性农药（BT 乳剂），使桃小罹病死亡。也可使用桃小性诱剂在越冬代成虫发生期进行诱杀。

化学防治：

（1）**地面防治。**撒毒土：用 15% 乐斯本颗粒剂 2kg 或 50% 辛硫磷乳油 500g 与细土 15~25kg 充分混合，均匀地撒在一亩地的树干下地面，用手耙将药土与土壤混合、整平。乐斯本使用 1 次即可；辛硫磷应连施 2~3 次。地面喷药：用 48% 乐斯本乳油 300~500 倍液，在越冬幼虫出土前喷湿地面，耙松地表即可。

（2）**树上防治。**防治适期为幼虫初孵期，喷施 48% 乐斯本乳油 1000~1500 倍液，对卵和初孵幼虫有强烈的触杀作用；也可喷施 20% 杀灭菊酯乳油 2000 倍液，或 10% 氯氰菊酯乳油 1500 倍液，或 2.5% 溴氰菊酯乳油 2000~3000 倍液。一星期后再喷一次，可取得良好的防治效果。

草螟科 Crambidae

96 柠条豆荚坚螟 *Asclerobia sinensis* (Caradja)

分布：全县。

寄主：柠条（种子）。

形态特征：体长 9.0~11.0mm，翅展 19.0~20.0mm。头顶鳞片及下唇须浅黄色。触角丝状，长达前翅 2/3。胸部背板浅黄色。前翅灰黑、灰白、黄色鳞片相间分布，前翅外缘鳞片端部白色，前翅中前部具 1 条横向灰白色或灰褐色鳞片带。后翅淡灰色。复眼黑色，有白色网状花纹。

生活习性：危害豆科、锦鸡儿属牧草等。

木蠹蛾科 Cossidae

97 芳香木蠹蛾 *Cossus cossus* (Linnaeus, 1758)

分布：全县。

寄主：杨、柳、榆（干）。

形态特征：前翅长 34.5~41.5mm，体粗壮，雌雄大小差异明显；触角栉齿状，灰黑色，胸部褐色混杂黄褐色鳞毛；前翅灰褐色，密布黑褐色短横纹，有时连成黑线，前翅前缘色较深，臀角至前缘 1/3 处有 1 明显的黑色横纹；后翅灰褐色，密布黑色短纹；翅腹面有褐色条纹。

生活习性：危害杨、柳、榆、槭、梨、苹果等。2 年 1 代。幼虫当年树干内越冬，第 2 年老

熟幼虫土中越冬。翌年 5 月羽化。产卵于大树分叉上、粗枝上、幼树树干缝隙处。6 月卵孵化，从树皮缝隙及伤口处入侵，初孵幼虫群聚，将树干蛀食不规则蛀道。9 月老熟幼虫从蛀孔爬出，在树根地下 23cm 处结茧越冬。常危害大树或弱树，造成树势衰弱甚至枯死，对行道树危害最重。

天蛾科 Sphingidae

98 沙枣白眉天蛾 *Celerio hippophaes* (Esper, 1789)

分布： 红羊乡。

寄主： 沙枣。

形态特征： 成虫体长 31~39mm，翅展 66~70mm。体灰黄色。头胸背面灰黄色，触角至前胸背板两侧具白纹。触角背面白色，腹面褐色。前翅灰黄色，外缘部分具大褐色三角形斑。翅中央具 1 黑点，后缘及外缘白色，翅基黑色。后翅基部黑色，中部红色，外侧黑色，外缘淡褐色，后缘近后角具 1 白斑。腹部黄褐色，基部两侧各具 2 个大黑斑。

生活习性： 1 年 2 代。以蛹在土中越冬，幼虫取食叶片危害。

防治方法： 可用三唑类杀菌剂或辛硫乳油稀释喷洒叶面。

99 八字白眉天蛾 *Celerio lineata* livornica (Esper, 1779)

分布： 全县。

寄主： 山杨。

形态特征： 翅展长 4.7~6.5cm。翅膀背面橘、褐色；翅端黑色，有明显的白带和小白点。翅膀腹面颜色暗淡，褐或灰色。与大红蛱蝶的区别在于：前翅顶角附近有几个小白斑，翅中域有红黄色不规则横带；后翅基部与前缘同样密生黄色鳞片。

复眼裸出；下唇须粗壮。触角较长，上有鳞片，端部呈明显的锤。前翅径脉 5 条，臀脉 1 条；后翅臀脉 2 条，具肩脉。翅形变化极大，翅面颜色十分丰富。中室通常前翅为闭室，后翅为开室。基部有 2 条沟与头的中脊隔离；两性前足退化，缩在胸部下，无作用，跗节雌蝶 4~5 节，有时略膨大，下方有刺；雄蝶 1 节，多毛，均无爪；胫节上有 1 对距，有爪，有中垫及侧垫。

前翅多呈三角形；中室为开式或闭式；R 脉 5 分支，R2 至 R5 共柄；M1 与 R 脉不共柄；A 脉只有 1 条（2A）。后翅近圆形或近三角形；边缘呈锯齿状；中室开式或闭式；肩区具有较发达的肩横脉（h）；内缘臀区较发达，A 脉有 2 条（2A 及 3A）。

卵呈半球形；卵表面具纵脊或横纹；卵散产或聚集在一起。幼虫长圆筒形，头小。

100 枣桃六点天蛾 *Marumba gaschkewitschi gaschkewitschi* (Bremer et Grey, 1852)

分布：全县。

寄主：杏树。

形态特征：成虫：体长 36~46mm，翅展 80~120mm。触角土黄色；胸部灰色，夹杂暗灰色和白色鳞片；前翅灰黄褐色；内线、外线及中线棕褐色，边缘色深；端线棕黑色，端线与亚端线之间有棕色区，臀角有两块棕黑色斑。后翅橘红色，臀

角有黑色和黄白色大斑。前翅腹面基部至中室粉红色，外线与亚端线黄褐色；后翅腹面灰色，各线棕褐，臀角色较深。

卵： 椭圆形，长 1.6mm，绿至灰绿色。

幼虫： 体长 80mm，黄绿至绿色，体表密生黄白色颗粒。胸部侧面有一条、腹侧有 7 条黄色斜纹，自各节前缘下侧向上方斜伸，止于下 1 体节背侧近后缘，第 7 腹节者止于尾角。尾角粗长，生于第 8 腹节背面。气门椭圆形，围气门片黑色。

蛹： 长 45mm 左右，深褐色，臀棘锥状。

生活习性： 在当地 1 年发生 1 代，以蛹于土中越冬。成虫 6 月羽化，幼虫 7 月上旬出现，9 月老熟人土化蛹越冬。5 月下旬至 7 月发生为害，6 月下旬开始老熟入土化蛹；成虫 7 月发生，8 月仍可见少数成虫。成虫昼伏夜出，黄昏开始活动，有趋光性，卵散产于枝干皮缝中，偶有产在叶上者每雌可产卵 170~500 粒。成虫寿命平均 5 天卵期约 7 天。老熟幼虫多于树冠下疏松的土内化蛹，以 4~7cm 深处较多。幼虫天敌有绒茧蜂寄生。

防治方法：

（1）利用幼虫受惊易掉落的习性，在幼虫发生期将其击落，或根据地面粪粒，捕捉树上的幼虫。

（2）防治 3、4 龄前幼虫，可喷洒 2.5% 溴氰菊酯乳油 2500~5000 倍液或 5% 吡虫啉 2000 倍液。每 ml 含孢子 100 亿以上的苏云金杆菌 600 倍液防治 4 龄以上幼虫也有效。

101 榆绿天蛾 *Callambulyx tatarinovi* (Bremer et Grey, 1853)

分布： 全县。

寄主： 榆树。

形态特征： **成虫：** 体长 30~33mm，翅展 75~79mm。翅面粉绿色，有云纹斑；胸背墨绿色；前翅前缘顶角有一块较大的三角形深绿色斑，后缘中部有块褐色斑。内横线外侧连成一块深绿色斑，外横线呈 2 条弯曲的波状纹；翅的反面近基部后缘淡红色。后翅红色，后缘角有墨绿色斑，外缘淡绿；翅反面黄绿色；腹部背面粉绿色，

每腹节有条黄白色线纹。触角上面白色，下面褐色。各足腿节淡绿色，内侧有绿色密毛，跗节赤褐色。

卵：淡绿色，椭圆形。

幼虫：鲜绿色，体长 80mm。头部有散生小白点，各节横皱，有白点并列。腹部两侧第一节起有 7 个白斜纹，斜纹两侧有赤褐色线缘。背线赤褐色，两侧有白线。尾角赤褐色，有白色颗粒。

蛹：浓褐色，长 35mm。

生活习性：在华北地区一年发生 1~2 代，以蛹在土壤中越冬。翌年 5 月出现成虫，6~7 月为羽化高峰。成虫日伏夜出，趋光性较强，卵散产在叶片背面。6 月上、中旬见卵及幼虫，6~9 月间为幼虫危害期。

防治方法：

园林技术防治：(1) 冬季翻土，蛹期可在树木周围耙土、锄草或翻地，杀死越冬虫蛹。(2) 利用幼虫受惊易掉落的习性，在幼虫发生时将其击落，或根据地面和叶片的虫粪、碎片，人工捕杀树上的幼虫。(3) 幼虫入土后或成虫羽化前，在寄主周围地面喷施 50% 辛硫磷，以毒杀土中虫蛹。

物理防治：利用天蛾成虫的趋光性，在成虫发生期用黑光灯、频振式杀虫灯诱杀成虫。

生物防治：幼虫 3 龄前，可施用含量为 16000IU/mg 的 BT 可湿性粉剂 1000~1200 倍液，让天蛾幼虫中毒后在树上慢慢死亡腐烂，不直接往下掉到地面，既保护各种天敌，又防止污染环境卫生。

化学防治：3~4 龄前的幼虫，可喷施 20% 除虫脲悬浮剂

3000~3500 倍液，或 25% 灭幼脲悬浮剂 2000~2500 倍液，或 20% 米满悬浮剂 1500~2000 倍液等仿生农药。虫口密度大时，可喷施 2.5% 功夫菊酯乳油 2500~3000 倍液，或 2.5% 溴氰菊酯 2000~3000 倍液等药物，均有较好的防治效果。

保护螳螂、胡蜂、茧蜂、益鸟等天敌。

102 黄脉天蛾 *Amorpha amurensis* Staudinger, 1892

分布： 南华山。

寄主： 山杨、桦树。

形态特征： 前翅长 38.5~42.0mm，灰褐色，斑纹不明显；内、外横线由两条黑棕色波状纹组成，外缘自顶角到中部有棕色斑；翅脉黄褐色，明显；后翅较前翅色暗。

生活习性： 危害杨、山杨、柳等。

天蚕蛾科 Saturniidae

103 合目天蚕蛾 *Saturnia boisduvali* Everismann, 1846

分布： 全县。

寄主： 栎、椴、核桃楸等。

形态特征： 翅展 75~95mm。胸部前缘白色；前后翅中部具 1 眼状斑，黑边，内缘具白、棕红色带；前翅外缘线棕褐色，前半部可见；亚缘线双线棕褐色至黑褐色，斜向，从眼状斑后缘延伸至后缘；翅顶角具 1 黑斑。

生活习性： 幼虫取食栎、椴、榛、胡枝子、核桃楸等植物。1 年 1 代。以卵越冬。

毒蛾科

104 雪毒蛾 *Leucoma salicis* (Linnaeus, 1758)

分布： 南华山。

寄主： 杨柳、蔷薇。

形态特征： 雄性前翅长 16.0~21.5 mm，雌性 21.5~26.0mm。头部白色，略带黄白色；复眼外侧黑色；触角白色，栉齿灰褐色；下唇须黑褐色；前翅白色，基部略呈黄白色；足白色，胫节和跗节有黑环；后翅白色。

生活习性： 危害杨、柳、槭、榛等。

舟蛾科 Notodontidae

105 杨剑舟蛾 *Pheosia rimosa* Packard, 1864

分布： 全县。

寄主： 杨树。

形态特征： 体长 25~28mm，翅展 62~73mm。体褐色，翅白色具褐纹，前翅基部和后缘土黄色，外缘近后缘具 1 白色楔状纹，前缘外侧 3/4 灰黑色，内有 2 黑色斑。后翅灰白色，外缘和后缘褐色。

生活习性： 1 年 2 代，以蛹在表土中越冬，5~6 月、8 月出现成虫，6~7 月，8~10 月为幼虫期。

106 姹羽舟蛾 *Pterotes eugenia* (Staudinger, 1896)

分布：全县。

寄主：杨树、榆树。

形态特征：体长雄虫 15mm，雌虫 17mm；翅展雄虫 36mm，雌虫 42mm。下唇须暗赭褐色。头淡黄褐色；触角干灰白色，分支暗赭褐色。颈板暗赭褐色，后缘具黑边。胸部背面灰赭褐色，翅基片边缘偏灰色；中胸有 2 个黑点；胸部腹面暗赭褐色，足具白环。腹部灰赭褐色。前翅灰赭褐色，从基部中央到中室外一点有 1 条灰白色纵纹，该纹由此向两侧呈淡黄褐色分为 2 支，止于亚端线；翅基部有 2 黑点；内、外线断续不清晰，黑色双股夹灰白线，锯齿形，两线在后缘呈"V"形相聚；亚端线模糊，淡黄褐色；端线细；脉端缘毛暗褐色，其余黄白色；后缘齿形毛簇暗褐色。后翅暗灰褐色，后缘和基部较明亮，具模糊浅色中带，缘毛灰白色。雄性外生殖器：第 8 腹板大，基缘中央略呈弧形缺刻，端缘直；爪形突很发达，两叶，每叶增大如板，末端具缺刻和不规则的锯齿；无颚形突；抱器瓣狭长，从基部到端部 2/3 的中央具反卷的褶，抱器背端部明显弧形凹，抱器端变细，隆起钝圆，末端上有许多横皱褶，边缘具小齿；阳茎略短于抱器背，细、微拱，端部增大，末端向侧面突出如喙；阳端基环发达，近四方形；囊形突圆小。雌性外生殖器：后表皮突长棒形；前表皮突钝三角形；第 8 腹节发达，近环形；前阴片小，弱骨化，后缘直；后阴片较大，骨化强，呈略尖的馒头形；囊导管细长，膜质；囊体小；无囊突。

枯叶蛾科

107 黄褐天幕毛虫 *Malacosoma neustria testacea* (Motschulsky, 1861)

分布：全县。

寄主：杏、榛、杨、柳及其他阔叶树等。

形态特征：雄成虫体长约 15mm，翅展长为 24~32mm，全体淡黄色，前翅中央有两条深褐色的细横线，两线间的部分色较深，呈褐色宽带，缘毛褐灰色相间；雌成虫体长约 20mm，翅展长约 29~39mm，体翅褐黄色，腹部色较深，前翅中央有一条镶有米黄色细边的赤褐色宽横带。

卵：椭圆形，灰白色，高约 1.3mm，顶部中央凹下，卵壳非常坚硬，常数百粒卵围绕枝条排成圆桶状，非常整齐，形似顶针状或指环状。正因为这个特征将黄褐天幕毛虫也称为“顶针虫”。

幼虫：幼虫共 5 龄，老熟幼虫体长50~55mm，头部灰蓝色，顶部有两个黑色的圆斑。体侧有鲜艳的蓝灰色、黄色和黑色的横带，体背线为白色，亚背线橙黄色，气门黑色。体背黑色的长毛，侧面生淡褐色长毛。

蛹：体长 13~25mm，黄褐色或黑褐色，体表有金黄色细毛。茧黄白色，呈棱形，双层，一般结于阔叶树的叶片正面、草叶正面或落叶松的叶簇中。

生活习性：黄褐天幕毛虫一年发生一代，以卵越冬，卵

内已经是没有出壳的小幼虫。第二年5月上旬当树木发叶的时候便开始钻出卵壳，为害嫩叶，以后又转移到枝杈处吐丝张网。14龄幼虫白天群集在网幕中，晚间出来取食叶片。幼虫近老熟时分散活动，此时幼虫食量大增，容易暴发成灾。在5月下旬至6月上旬是为害盛期，同期开始陆续老熟后于叶间杂草丛中结茧化蛹。7月为成虫盛发期，羽化成虫晚间活动，成虫羽化后即可交尾产卵，产卵于当年生小枝上。主要集中产卵在柳树枝条上，每一丛柳树上卵块数高达73块。幼虫胚胎发育完成后不出卵壳即越冬。

防治方法：

喷烟喷雾法：在5月中旬至6月上旬黄褐天幕毛虫幼虫期，可以利用生物农药或仿生农药，如阿维菌素、Bt、杀铃脲、灭幼脲、烟参碱等喷烟或喷雾的方法进行控制虫口密度，降低种群数量，减轻危害程度。

灯光诱杀法：在7月上旬到中旬期间可以利用黑光灯、频振灯进行诱杀黄褐天幕毛虫成虫。

人工采卵法：在卵期可以发动人员进行采集黄褐天幕毛虫的卵，因为黄褐天幕毛虫是一种喜阳的昆虫，一般林缘的阔叶林、灌木林虫口密度高于针叶林或针阔混交林，在阔叶林也是林缘虫口密度高于林内。且卵块在树枝的枝头上非常明显，采集起来也较容易。

108 李枯叶蛾 *Gastropachaquercifolia* Linnaeus

分布：全县。

寄主：苹果、沙果、李、桃、杏、梨、樱桃、梅、核桃、杨、柳等。

形态特征：成虫：体长34.5mm，翅展60~90mm，雄较雌略小，全体赤褐色至茶褐色。头部色略淡，中央有1条黑色纵纹；复眼球形黑褐色；触角双栉状、带有兰褐色，雄栉齿较长；下唇须发达前

伸，蓝黑色。前翅外缘和后缘略呈锯齿状；前缘色较深；翅上有3条波状黑褐色带蓝色萤光的横线，相当于内线、外线、亚端线；近中室端有1黑褐色斑点；缘毛蓝褐色。后翅短宽、外缘呈锯齿状；前缘部分橙黄色；翅上有2条蓝褐色波状横线，翅展时略与前翅外线、亚端线相接；缘毛蓝褐色。雄腹部较细瘦。

卵： 近圆形，直径1.5mm，绿至绿褐色，带白色轮纹。

幼虫： 体长9.0~10.5mm，稍扁平，暗褐到暗灰色，疏生长、短毛。头黑生有黄白色短毛。各体节背面有2个红褐色斑纹；中后胸背面各有1明显的黑兰色横毛丛；第8腹节背面有1角状小突起，上生刚毛；各体节生有毛瘤，以体两侧的毛瘤较大，上丛生黄和黑色长、短毛。

蛹： 长35~45mm，初黄褐后变暗褐至黑褐色。

茧： 长椭圆形，长50~60mm，丝质、暗褐至暗灰色，茧上附有幼虫体毛。

生活习性： 1年生1代，以低龄幼虫伏在枝上和皮缝中越冬。翌春寄主发芽后出蛰食害嫩芽和叶片，常将叶片吃光仅残留叶柄；白天静伏枝上，夜晚活动为害；8月中旬至9月发生。成虫昼伏夜出，有趋光性，羽化后不久即可交配、产卵。卵多产于枝条上，常数粒不规则的产在一起，亦有散产者，偶有产在叶上者。幼虫孵化后食叶，发生1代者幼虫达2~3龄(体长20~30mm)便伏于枝上或皮缝中越冬；发生2代者幼虫为害至老熟结茧化蛹，羽化，第2代幼虫达2、3龄便进入越冬状态。幼虫体扁、体色与树皮色相似故不易发现。

防治方法： 结合整枝、修剪，剪除越冬幼虫。悬挂黑光灯，诱捕成蛾。幼虫危害期，可喷施20%灭幼脲1000倍液，或5%吡虫啉乳油1500倍液。

尺蛾科 Geometridae

109 桦尺蛾 *Biston betularia* (Linnaeus, 1758)

分布： 全县。

寄主： 桦、杨、柳、榆、槐、苹果、山毛榉。

形态特征： 前翅长 17.5~21.0mm。头灰褐色，胸部暗灰色；前翅灰褐色，变异大，密布黑褐色斑点；基线模糊；内线弱弯曲；中线前半部粗，后半部模糊；外线在 M2 脉处向外明显突出，在臀角前有较小突出；后翅灰白色，散布大量黑褐色斑点；中线较宽，弱弧形弯曲，外线中部弯曲。

生活习性： 危害桦、杨、柳、榆、槐、苹果、山毛榉、黄檗、艾、蒿等。

110 春尺蠖 *Apocheima cinerarius* Ershoff

分布： 全县。

寄主： 榆、柠条。

形态特征： 雄成虫翅展 28~37mm，体灰褐色，触角羽状。前翅淡灰褐至黑褐色，有 3 条褐色波状横纹，中间 1 条常不明显。雌成虫无翅，体长 7~19mm，触角丝状，体灰褐色，腹部背面各节有数目不等的成排黑刺，刺尖端圆钝，臀板上有突起和黑刺列。因寄主不同体色差异较大，可由淡黄至灰黑色。

卵： 长圆形，长 0.8~1.0mm，灰白或赭色，有珍珠样光泽，卵壳上有整齐刻纹。

幼虫：老熟幼虫体长22~40mm，灰褐色。腹部第二节两侧各有1瘤状突起，腹线白色，气门线淡黄色。

蛹：灰黄褐色，臀棘分叉，雌蛹有翅的痕迹。

生活习性：1年1代。以蛹在干基周围土壤中越夏、越冬。2月底、3月初或稍晚，当地表35cm处地温0℃左右时开始羽化；3月上、中旬或稍迟见卵；4月上、中旬或4月下旬至5月初开始孵化；5月上、中旬或5月下旬、6月上旬幼虫开始老熟，入土化蛹越夏、越冬。成虫多在下午和夜间羽化出土，雄虫有趋光性，白天多潜伏于树干缝隙及枝叉处，夜间交尾，卵成块产于树皮缝隙、枯枝、枝杈断裂等处，一般产200~300粒。初孵幼虫活动能力弱，取食幼芽和花蕾，较大则食叶片；5龄、4~5龄虫具相当强的耐饥能力，可吐丝借风飘移传播到附近林木危害，受惊扰后吐丝下坠，旋又收丝攀附上树；老熟后下地，在树冠下土壤中分泌黏液硬化土壤作土室化蛹，入土深度以16~30cm处为多，约占65%，最深达60cm，多分布于树干周围，低洼处尤多。

防治方法：

(1) 常规喷雾。2.5%溴氰菊酯乳油2000~3000倍液；20%速灭杀了乳油15000倍液；20%灭幼脲III 1000-1200倍液。

(2) 利用杨尺蠖核型多角体病毒(AciNPV)防治。当1~2龄占85%，最晚不迟于2~3龄虫占85%左右时，地面喷洒为3.0×10116.0×1011PIB/hm^2，不得低于2.03×1011PIB/hm^2，飞机喷洒为3.75×1011PIB/hm^2，不得低于1.88×1011/hm^2。以16: 00~20: 00应用效果最佳，4: 30~8: 30亦可。

111 苹果似度夜蛾 *Phthonosema tendinosaria* Bremer

分布： 全县。

寄主： 杏、桃等。

形态特征： 体长 21~25mm，翅展 54~71mm。翅灰黄色至灰褐色，密布褐色碎纹；前翅内外线深褐色，外侧灰色；前后翅外线锯齿状；亚缘线内侧淡褐色，外侧灰白；外缘波状，黑边断续；翅腹面中室端具黑褐斑，外线细，亚缘带宽，在前缘形成褐斑。

生活习性： 1 年 1 代。幼虫土中越冬，危害多种果树、林木。

112 雪尾尺蛾 *Ourapteryx nivea* Butler

分布： 南华山。

寄主： 栎树、朴树、冬青等。

形态特征： 前翅长 23mm。额和下唇须灰黄褐色；头顶、体背和翅白色。前翅顶角凸，外缘直：后翅尾角弱小。翅面碎纹灰色，细弱；前翅内、外线和后翅中部斜线浅灰黄色，细；前翅中点十分纤细，缘 . 毛黄白色；后翅尾角内侧无阴影带，M3 上方有 1 小红点，周围有黑圈，M3 下侧有 1 黑点；缘毛浅黄至黄色。

夜蛾科 Noctuidae

113 珀光裳夜蛾 *Catocala helena* Eversmann, 1856

分布： 全县。

寄主： 杨、柳、榆。

形态特征： 翅展 63~68mm。头胸部灰色杂黑色，腹部棕黄色；前翅外线双线，内线黑色，外线棕色，前半具 2 齿，外凸；后具向内凹棒形纹，近后缘具 1 内凸大齿；后翅顶角黄斑大。

114 鹿裳夜蛾 *Catocala proxencta* Alpheraky, 1895

分布： 全县。

寄主： 柳树。

形态特征： 体长 16~18mm，翅展 35~41mm。头胸灰黑色杂白色，腹部褐色。前翅灰褐色，内横线以内黑褐色，近中部具 1 黑纵纹。基线黑色，达翅中褶；内横线黑色，外斜波形；外横线黑色，中前方 2 齿，后呈锯齿形；亚外缘线灰色，微锯齿形；外缘线为 1 列黑点线。肾纹不明显，具黑边、后翅黄色，中带黑褐后弯，端达翅基；外缘具黑褐色端带，带中部外侧具黑色尖角，后端呈间断黑斑；后缘具窄条黑带。

115 柳裳夜蛾 *Catocala electa* Borkhauson

分布：全县。

寄主：杨、柳、油松、榆和槭等。

形态特征：成虫体长约 30mm，翅展为 76mm。头和胸部灰黑色，颈板有条黑色纹。腹部背面灰褐色，有毛簇。前翅灰黑色，翅面有黑褐色波浪线纹，肾斑明显，外缘灰色，锯齿形，端线为排列黑点组成。后翅桃红色，中部有条弓形黑色宽带，外缘附近为黑色，中部较凹，其后渐窄。老熟幼虫体长 65mm 左右，头部黄色，有褐纹，体灰、褐或赭色，有许多细小黑点。第五腹节上有个黄色突起，第八腹节上有对黄褐色突起，体侧有白色稀疏细毛。蛹褐色，尾部有 6 个臀刺。

生活习性：1 年 1~2 代，以蛹在土中越冬。包头地区翌年 6 月下旬始见成虫，7 月中、下旬为成虫羽化高峰。成虫飞翔力和趋光性很强，白天潜伏在杨、柳、榆树枝干上停息；夜间活动，交尾与产卵。成虫还能吸食苹果的汁液。7~8 月为幼虫为害期，幼虫取食寄主叶片，造成缺刻和孔洞，以 8 月为害严重，发生严重年份常将叶片食光，只留叶柄。

防治方法：结合诱杀其他蛾类，用黑光灯诱杀成虫。发生严重时，喷施 25% 灭幼脲 3 号胶悬剂 1500 倍液防治；或结合防治其他害虫，兼治此虫。

116 苹刺裳夜蛾 *Catocala bella* Butler, 1877

分布：全县。

寄主：苹果、海棠、山荆子。

形态特征：体长 23~28mm，翅展 56~60mm。头胸部褐色，腹部灰褐色。前翅灰褐色，基线黑色；内横线双线黑色波浪形；外横线黑色锯齿形；亚外缘线蓝灰色，不显；外缘线为 1 列黑白相间点。肾纹褐色，边缘色深。后翅黄色，基部及后缘区灰褐色；中带黑色，中部弧突；端带宽，黑色。

生活习性： 幼虫危害苹果等果树。

117 裳夜蛾 *Catocala nupta* (Linnaeus, 1767)

分布： 全县。

寄主： 杨、柳。

形态特征： 头部及胸郏黑灰色，颈板中部有一黑横线；腹部褐灰色；前翅黑灰色带褐色，基线黑色达中室后缘，内线黑色双线波浪形外斜，肾纹黑边，中有黑纹；外线黑色，锯齿形，在 2 脉内凸至肾纹后，亚端线灰白色，外侧黑褐色，锯齿形，端线为一列黑长点；后翅红色，中带黑色弯曲，达亚中褶，端带黑色，内缘波曲。顶角一白斑，缘毛白色。

118 庸肖毛翅夜蛾 *Thyas juno* (Dalman, 1823)

分布： 全县。

寄主： 桦、李、木槿。

形态特征： **成虫：** 体长 32mm，翅展 85mm。头、胸及前翅赭褐色或灰褐色，前胸背面中央有一簇黄毛。前翅布有细黑点，后缘红棕色，基线、内线及外线红棕色，内线后半及外

线直内斜，环纹为一黑点，肾纹灰褐色，中有黑点，黑色或赭黄色曲线自顶角至臀角，亚端区有一隐约的暗褐纹，翅外缘一列黑点，后翅黑色，端区红色，中部有粉蓝色钩形纹，外缘中段有密集黑点；腹部红色，背部大量暗灰棕色。前足黑褐色，后足灰褐色，腿节、胫节密被灰黄毛。

幼虫：幼龄体蓝灰色头部有黑褐斑，第 1 腹节亚背面有黑斑，第 8、9 腹节背面有黑毛突，第 5 腹节背面有黑色圆斑 1 个。老龄体长 56~70mm，深黄或黄褐色；头部黄褐色，有黄色条斑；胸棕褐色，有纵线纹；背线淡褐色，双条，其两侧有向后方倾斜的“八”字形褐纹背、侧面布满不规则褐斑，第 5 腹节背中有黑眼斑；第 1、2 腹节弯曲成桥形；胸足第 1、2 对小 3、4 对正常，腹足外侧有黄斑，臀足长。

蛹：深褐色，纺锤形，体表被白粉。

生活习性：成虫羽化出来后，需吸食水分和糖蜜促进发育，才能进行正常的交配和产卵。因此，成虫在果实成熟期发生量大。

成虫在夜晚具趋光性，白天躲在荫蔽处栖息，晚上进行吸食、交尾、产卵等活动，成虫产卵在月季叶片背面。每天为害的时间是天黑以后开始陆续出现，21~23 时数量最多，24 时以后逐渐减少；晴天、闷热、无风、无月光的夜晚成虫出现数量大，为害也重。刮风下雨或气温下降的夜晚比较少，为害也轻。山区丘陵果园受害重。

该虫以幼虫取食月季、木防己、汉防己叶片成缺刻或孔洞，成虫期又飞到桃、李、等果实上。

防治方法： **园林防治：**

（1）加强苗木引进的检测工作，切断虫源传播，在定植苗木前，实施产地检虫和现场检虫相结合的方式，一旦发现虫株率 5% 时，立即喷药杀灭后，方可调运、定植。淘汰弱苗和病、虫害重伤株。

（2）虫情普查。对各地的森林、苗木场、园艺场、行道树进行虫情普查，发现虫株率 10% 时，立即开展栽培防治、化学防治及生物防治相结合的综合治理。

（3）人工摘除虫苞至越冬代成虫出现时结束。

（4）加强养护，增强树势，提高植株抗虫能力。

（5）冬天要清除果园或林地内的杂草、落叶、病枝、落果以及修剪的树枝，深翻地。

物理防治：

（1）用黑灯光、频振灯诱杀成虫。

（2）利用成虫的趋化性，诱杀成虫；发生量大时，于果实近成熟期用酒 + 醋 + 水（5：20：80）或发酵豆腐水等加 90% 晶体敌百虫于黄昏时放在园中诱杀成虫有效。

（3）每 10 亩设置 40W 黄色荧光灯 6 支，对该虫有一定拒避作用。

生物防治：

（1）保护、释放天敌：保护释放螟黄赤眼蜂、松毛虫赤眼蜂、北方风碟卵跳小蜂、广赤眼蜂、青虫菌、广大腿小蜂、凤碟金小蜂、野蚕黑瘤姬蜂和寄生蝇等。

（2）生物制剂：在产卵高峰期喷施：20 亿 /g 棉核型多角体病毒（NPV）悬浮剂 1000 倍液，100 亿以上孢子 /g Bt 乳剂 400 倍液，62 亿活孢子 /g 杀螟杆菌 600 倍液，32000IU/mg 苏云金杆菌可湿性粉剂 1000 倍液，100 亿个活芽孢 /g 青虫菌粉剂 5001000 倍液，100 亿个孢子 /g 白僵菌粉饱 1000 倍液，于气温 20°C 以上，下午 5 时左右或阴天全天喷施。

（3）植物制剂：在幼虫孵化高峰期前喷施树叶或下树化蛹前喷施树干：0.36% 苦参碱水剂 1000 倍液，2% 烟碱乳剂 900~1500 倍液，3% 除虫菊素乳油 900~1500 倍液，0.3%

印楝素乳油 1000~2000 倍液，4% 鱼藤酮粉剂 800 倍液

化学防治：

（1）利用环保型昆虫趋性诱杀器诱杀成虫。在成虫发生期，把诱芯放入诱捕器内，将诱捕器挂设在林间，直接诱杀雄成虫，阻断害虫交尾，降低繁殖率，达到消灭害虫的目的。

（2）用糖醋、果醋或苹小卷叶蛾性信息素诱捕器以监测成虫发生期数量消长。

（3）在幼虫孵化高峰期前喷施：48% 乐斯本（毒死蜱）乳油 500 倍液，3% 高渗苯氧威乳油 3000 倍液，25% 灭幼脲 3 号悬浮剂 1500 倍液，20% 氰戊菊脂乳油 2000~2500 倍液，2.5% 溴氰菊脂乳油 2000 倍液，2.5% 功夫菊脂乳油 2000 倍液。

119 小地老虎 *Agrotis ipsilon* (Hüfnagel, 1776)

分布： 全县。

寄主： 油松、沙枣、果树等。

形态特征： **卵：** 呈馒头形，直径约 0.5mm、高约 0.3mm，具纵横隆线。初产乳白色，渐变黄色，孵化前卵一顶端具黑点。

蛹： 体长 18~24mm、宽 6.0~7.5mm，赤褐有光。口器与翅芽末端相齐，均伸达第 4 腹节后缘。腹部第 4~7 节背面前缘中央深褐色，且有粗大的刻点，两侧的细小刻点延伸至气门附近，第 5~7 节腹面前缘也有细小刻点；腹末端具短臀棘 1 对。

幼虫： 圆筒形，老熟幼虫体长 37~50mm、宽 5~6mm。头部褐色，具黑褐色不规则网纹；体灰褐至暗褐色，体表粗糙、布大小不一而彼此分离的颗粒，背线、亚背线及气门线均黑褐色；前胸背板暗褐色，黄褐色臀板上具两条明显的深褐色纵带；腹部 1~8 节背面各节上均有 4 个毛片，后两个比前两个大 1 倍以上；胸足与腹足黄褐色。

成虫： 体长 17~23mm、翅展

40~54mm，头、胸部背面暗褐色，足褐色，前足胫、跗节外缘灰褐色，中后足各节末端有灰褐色环纹。前翅褐色，前缘区黑褐色，外缘以内多暗褐色；基线浅褐色，黑色波浪形内横线双线，黑色环纹内有一圆灰斑，肾状纹黑色具黑边、其外中部有一楔形黑纹伸至外横线，中横线暗褐色波浪形，双线波浪形外横线褐色，不规则锯齿形亚外缘线灰色、其内缘在中脉间有3个尖齿，亚外缘线与外横线间在各脉上有小黑点，外缘线黑色，外横线与亚外缘线间淡褐色，亚外缘线以外黑褐色。后翅灰白色，纵脉及缘线褐色，腹部背面灰色。成虫对黑光灯及糖醋酒等趋性较强。

生活习性：小地老虎1年3~4代，老熟幼虫或蛹在土内越冬。早春3月上旬成虫开始出现，一般在3月中下旬和4月上中旬会出现两个发蛾盛期。

成虫的活动性和温度有关，成虫白天不活动，傍晚至前半夜活动最盛，在春季夜间气温达8 ℃以上时即有成虫出现，但10 ℃以上时数量较多、活动愈强；喜欢吃酸、甜、酒味的发酵物、泡桐叶和各种花蜜，并有趋光性，对普通灯光趋性不强、对黑光灯极为敏感，有强烈的趋化性。具有远距离南北迁飞习性，春季由低纬度向高纬度，由低海拔向高海拔迁飞，秋季则沿着相反方向飞回南方。微风有助于其扩散，风力在4级以上时很少活动。

防治方法：

（1）诱杀成虫：结合黏虫用糖、醋、酒诱杀液或甘薯、胡萝卜等发酵液诱杀成虫。

（2）诱捕幼虫：用泡桐叶或莴苣叶诱捕幼虫，于每日清晨到田间捕捉；对高龄幼虫也可在清晨到田间检查，如果发现有断苗，拨开附近的土块，进行捕杀。

化学防治：对不同龄期的幼虫，应采用不同的施药方法。幼虫3龄前用喷雾，喷粉或撒毒土进行防治；3龄后，田间出现断苗，可用毒饵或毒草诱杀。

（1）喷雾：每公顷可选用2.5%溴氰菊酯乳油或4.5%氯氰菊酯乳油300~450mL兑水750L喷雾。喷药适期应在有虫3龄盛发前。

（2）毒土或毒砂：可选用2.5%溴氰菊酯乳油90~100mL，喷拌细土50kg配成毒土，每公顷 300~375kg 顺垄撒施于幼苗根标附近。

（3）毒饵或毒草：一般虫龄较大是可采用毒饵诱杀。可选用 50% 辛硫磷乳油 500mL，加水 2.55L，喷在 50kg 碾碎炒香的棉籽饼、豆饼或麦麸上，于傍晚在受害作物田间每隔一定距离撒一小堆，或在作物根际附近围施，每公顷用 75kg。

120 皱地夜蛾 *Agrotis clavis* (Hufnagel, 1766)

分布：李俊乡、南华山。

寄主：云杉苗。

形态特征：成虫：体长 16~18mm，翅展 38~43mm。头、胸部褐色杂有灰色；颈板中部具 1 黑横线；足胫、跗节黑色具白环。雄蛾触角双栉齿状，分枝渐短达 2/3 处，端部 1/3 为丝状；雌蛾触角丝状。前翅淡灰褐色，前缘区色较深；基线、内横线双线黑色；环纹、肾纹、剑纹均有黑边；中横线褐色不清；外横线褐色双线，锯齿形；亚缘线灰白色，内侧具 1 列尖齿状黑褐色纹缘线黑色。后翅淡褐色。

卵：高约 0.5mm，半球形，表面具纵棱和横道。老熟幼虫体长约 45mm，稍扁平，灰褐色至黑褐色头壳沿额区外具黑斑；额区、后唇基具弧形横皱前唇基具宽纵皱；颅侧区具不规则点状暗斑。腹部各节背区、亚背区有 4 个毛片，分前、后两排，大小相等；臀板暗褐色具 3 对边缘毛和 1 对中央毛。

蛹： 体长约 18mm，红褐色。腹部第 4~7 节各节基部有 1 圈刻点，背面的大而深。腹端臀棘上具 1 丛小刺。

防治方法：

（1）夜蛾科害虫在 1~3 龄时多群集叶背，且食量小、抗药性差，是药剂防治的最佳时机。因此，应选择在虫龄较小时及时进行防治，在晴天早上 8 点前或晚上 6 点后施药。

（2）在夜蛾科害虫发生高峰期，在葱地里可采取人工采摘卵块和摘除受害葱管的办法减少害虫虫口基数，减轻为害。

(3) 防治药剂：20% 高明乳油（夜蛾型）800~1200 倍液；奥绿 1 号乳油 800~1000 倍液；30% 阿维·杀单可湿性粉剂 1 袋 (15g) 兑 1 喷雾器水；20% 好百年乳油 1000 倍液；1.3% 集琦农年丰乳油 1 袋 (10ml) 兑 1 喷雾器水；10% 除尽乳油 500~750 倍液。如果在防治时发现夜蛾科害虫进入高龄虫期，建议加速效性好的菊酯类杀虫剂，可提高防效。

121 灰夜蛾 *Polia nebulosa* Hüfnagel

分布： 全县。

寄主： 桦、柳、榆属。

形态特征： 体长 21~23mm，翅展 50~52mm。头胸部白杂褐色。前翅灰白带褐色。基线、内横线、外横线双线黑色。基线、内横线波浪形，外横线锯齿形。剑纹灰黑色，黑边；环纹大，近方形，黄白色，两侧黑色；肾纹大，黄白色黑边，中央褐圈；亚缘线黄白色，内侧带黑色，锯齿形；线缘 1 列三角形黑点。后翅淡褐色，端缘暗。腹部灰黄色。

生活习性： 幼虫危害桦、柳、榆属等植物。

122 油松毛虫 *Dendrolimus tabulaeformis* Tsai et Liu, 1962

分布： 拐洼林场。

寄主： 油松。

形态特征： **成虫：** 翅展 45~63mm，雌性为 57~83mm。体色有棕、褐、灰褐、灰白、枯叶等色，触角鞭节淡黄色或褐色，节枝褐色。前翅花纹较清楚，中线内侧和齿状外线外侧具 1 条浅色纹，颇似双重，中室端白点小，可识别；亚外缘斑列黑色，各斑略成新月形，斑列常为 9 个组成，7、8、9 三斑斜列，内侧衬有淡棕色斑。后翅中间隐现深色弧形斑。雄亚外缘斑列内侧呈浅色斑纹。**蛹：** 栗褐色或晴红褐色，臀棘短，末端稍弯曲，或卷曲，呈近圆形，雌蛹长 23~32mm，雄蛹长 20~26mm。茧灰白色或淡褐色，附有黑色毒毛。**卵：** 椭圆形，长 1.7mm，宽 1.2mm。初产时色泽较浅，精孔端淡绿色，另一端为粉红色，孵化前呈紫红色。**幼虫：** 初孵幼虫头部棕黄色，体背黄绿色，老熟幼虫体长 54~72mm，灰黑色，体侧有长毛。额区中央有一块深褐斑，各体节纵带上白斑不明显，每节前方由纵带向下有一斜斑伸向腹面。腹面棕黄色，每节上生有黑褐斑纹，两侧密被灰白色绒毛。

生活习性： 成虫有趋光性和周围林分迁飞产卵的习性。幼虫孵化时有取食卵壳的习性。1 年 1 代。多以 4 龄幼虫在树根周围的枯枝落叶层，能活动的石块下、草根盘结和上面有覆盖物的林地凹坑

中越冬。多卷曲成团。越冬幼虫于4月上旬日平均气温5.7℃时，开始上树危害，6月中旬结茧化蛹，蛹期28~34天，7月上旬开始羽化为成虫并开始产卵，7月中、下旬出现幼虫，10月中、下旬日平均气温达到3.6℃左右时，下树越冬。

成虫多于傍晚16~20时羽化，在当晚或次日晚交尾后即产卵。卵成堆产于树冠上部当年生的松针上。每卵块数十粒到500多粒不等。12龄幼虫群居并能吐丝下垂。先取食卵堆周围的松针，将针叶边缘咬成缺刻状，造成枯萎卷缩，呈帚状针丛，一头幼虫一生取食400~500根松针。油松毛虫老熟幼虫在针丛、树干及杂草灌丛、树冠下部结茧。

防治方法：

（1）加强营林技术措施，营造针阔叶混交林，改造油松纯林为混交林，做好封山育林，防止强修枝，提高林业自控能力。

（2）油松毛虫的成虫有较强的趋光性，在成虫羽化始期，按60亩设置一黑光灯诱杀成虫，将成虫消灭在产卵之前，可达到预防和除治。

（3）卵期每亩可释放赤眼蜂35万头进行防治，寄生率达80%以上。

（4）幼虫期可用松毛虫杆菌、苏云金杆菌，“7216”芽孢杆菌，含菌量为每毫升1亿孢子进行喷雾防治，效果达90%以上；白僵菌菌粉含量50亿/g，亩用量1000g进行喷粉防治，效果达85%以上，在林间并有再侵染作用；松毛虫质型多角体病毒，亩用150亿病毒含量，加水喷雾防治，都能达到理想效果。

（5）幼虫期用25%灭幼脲防治，每亩用有效成份6g。飞机超低量喷洒675~750ml/hm^2，防治效果达90%以上，并使存活蛹、成虫发育畸形，不能正常交尾产卵。

123 粘虫 *Pseudaletia saparata* (Walker, 1865)

分布： 全县。

寄主： 林木幼苗。

形态特征： **成虫：** 体长 15~17mm，翅展 36~40mm。头部与胸部灰褐色，腹部暗褐色。前翅灰黄褐色、黄色或橙色，变化很多；内横线往往只现几个黑点，环纹与肾纹褐黄色，界限不显著，肾纹后端有一个白点，其两侧各有一个黑点；外横线为一列黑点；亚缘线自顶角内斜至 M；缘线为一列黑点。后翅暗褐色，向基部色渐淡。**卵：** 长约 0.5mm，半球形，初产白色渐变黄色，有光泽。卵粒单层排列成行成块。**幼虫：** 体长 38mm。头红褐色，头盖有网纹，额扁，两侧有褐色粗纵纹，略呈八字形，外侧有褐色网纹。体色由淡绿至浓

黑，变化甚大（常因食料和环境不同而有变化）；在大发生时背面常呈黑色，腹面淡污色，背中线白色，亚背线与气门上线之间稍带蓝色，气门线与气门下线之间粉红色至灰白色。腹足外侧有黑褐色宽纵带，足的先端有半环式黑褐色趾钩。

蛹： 长约 19mm，红褐色，腹部 5~7 节背面前缘各有一列齿状点刻，臀棘上有刺 4 根，中央 2 根粗大，两侧的细短刺略弯。

生活习性： 初孵幼虫腹足未全发育，所以行走如尺蠖；初龄幼虫仅能啃食叶肉，使叶片呈现白色斑点；3 龄后可蚕食叶片成缺刻，5~6 龄幼虫进入暴食期。幼虫共 6 龄。老熟幼虫在根际表土 1~3cm 做土室化蛹。发育起点温度：卵 13.1±1°C，幼虫 7.7±1.3°C，蛹 12.0±0.5°C，成虫产卵 9.0±0.8°C；整个生活史为 9.6±1°C。有效发育积温：卵期 4.3 日度，幼虫期 402.1 日度，蛹期 121.0 日度，成虫产卵 111 日度；整个生活史为 685.2 日度。

成虫昼伏夜出，傍晚开始活动。黄昏时觅食，且发生量多时色较深。头部有明显的网状纹和“凸”形纹。体表有 5 条纵纹，背中线白色，半夜交尾产卵，黎明时寻找隐蔽场所。成虫对糖醋液趋性强，产卵趋向黄枯叶片。在麦田喜把卵产在麦株基部枯黄叶片叶尖处折缝里；在稻田多把卵产在中上部半枯黄的叶尖上，着卵枯叶纵卷成条状。每个卵块一般 20~40 粒，成条状或重叠，多者达 200~300 粒，每雌一生产卵 1000~2000 粒。初孵幼虫有群集性，1、2 龄幼虫多在麦株基部叶背或分蘖叶背光处为害，3 龄后食量大增，5~6 龄进入暴食阶段，食光叶片或把穗头咬断，其食量占整个幼虫期 90% 左右，3 龄后的幼虫有假死性，受惊动迅速卷缩坠地，畏光，晴天白昼潜伏在麦根处土缝中，傍晚后或阴天爬到植株上为害，幼虫发生量大食料缺乏时，常成群迁移到附近地块继续为害，老熟幼虫入土化蛹。适宜该虫温度为 10~25°C，相对湿度为 85%。产卵适温 19~22°C，适宜相对湿度为 90% 左右，气温低于 15°C 或高于 25°C，产卵明显减少，气温高于 35°C 即不能产卵。湿度直接影响初孵幼虫存活率的高低。该虫成虫需取食花蜜补充营养，遇有蜜源丰富，产卵量高；幼虫取食禾本科植物的发育快，羽化

的成虫产卵量高。成虫喜在茂密的田块产卵，生产上长势好的小麦、粟、水稻田、生长茂密的密植田及多肥、灌溉好的田块，利于该虫大发生。天敌主要有步行甲、蛙类、鸟类、寄生蜂、寄生蝇等。

防治方法：

生物防治：利用其成虫交配产卵前需要采食以补充能量的生物习性，采用具有其成虫喜欢的食物配以少量化学农药进行生物诱杀（bioattact）。食诱剂按1∶1或者其他比例按水配比，80m左右一行进行喷晒或者使用诱捕器进行安放使用。

物理防治：利用成虫多在禾谷类作物叶上产卵习性，在麦田插谷草把或稻草把，每亩（$667m^2$）60~100个，每5天更换新草把，把换下的草把集中烧毁。此外也可用糖醋盆、黑光灯等诱杀成虫，压低虫口。

药剂防治：根据预测预报，掌握在幼虫3龄前及时防治。提倡施用激素农药。可选用药剂有：20%灭幼脲1号悬浮剂500~1000倍液，25%灭幼脲3号悬浮剂500~1000倍液，40%菊杀乳油2000~3000倍液，40%菊马乳油2000~3000倍液，20%氰戊菊酯2000~4000倍液，茴蒿素杀虫剂500倍液，金功（4%高氯甲维盐）稀释1000~1500倍喷雾。

124 三角鲁夜蛾 *Xestia triangulum* (Hüfnagel, 1766)

分布： 全县。

寄主： 林木幼苗。

形态特征： 成虫体长约 19mm，翅展为 38mm 左右。头部及胸部棕褐色；腹部淡赭黄色；前翅棕褐色，基线黄色，两侧衬黑，达 1 脉，后端外侧成黑斑，内线双线黑色外斜，剑纹黑色，后半模糊，环纹斜，灰色，前端开放，肾纹褐灰色，环、肾纹间及环纹至内线间的中室黑色，外线双线锯齿形，亚端线灰色，中段外弯，前端内侧有一黑纹，端线为一列黑点；后翅赭黄色。幼虫褐色，背线白色，第 11 节有一白纹。

生活习性： 幼虫危害柳属、繁缕属、酸模属等植物。

125 大三角鲁夜蛾 *Xestia kollari* (Lederer, 1853)

分布： 全县。

寄主： 苗木。

形态特征： 体长 20~22mm，翅展 47~52mm。头部灰色杂少许黑色，下唇须第一、二节外侧大部黑色，胸部灰色杂褐色，颈板近端部有一白横线，腹部褐灰色。前翅紫灰色，中区后半带有褐色，基线黑色，只达 1 脉，外侧衬白色，后端外侧有一黑纹，内线双线黑色，线间白色，剑纹小，褐色黑边，环纹斜圆，前端开放、灰色，中央褐色，肾纹褐色，边缘灰色，中室在内线以外黑色，中线黑棕色，模糊，外线双线黑色，锯齿形，外侧各脉上有黑点和灰点，亚端线内侧衬黑色，前端为一黑斑，外线至亚端线间较灰白，端线为一列黑点，后翅污褐色。

生活习性： 幼虫危害苗木及植物。

126 消鲁夜蛾 *Xestia tabida* (Butler, 1878)

分布： 全县。

寄主： 柳、桦。

形态特征： 前翅长 17.5~19.5mm；头部、胸部红褐色，混杂灰黑色鳞片；前翅红褐色：基线双线，黑棕色，外侧中室处有 1 黑点；内线双线黑色，波浪形；剑纹小，具黑边；环纹具褐边，前端开放；肾纹褐色，中央有褐圈；环、肾纹之间深褐色；中线较粗；外线双线锯齿形；亚端线黑色，前端为二齿形黑纹；后翅黄褐色。

生活习性： 危害柳、山楂、桦、报春等属植物。

127 黄地老虎 *Agrotis segetum (Denis et Schiffermüller, 1775)*

分布： 全县。

寄主： 林木幼苗。

形态特征： 初产乳白色，半球形，直径 0.5mm，卵壳表面有纵脊纹，以后渐现淡红色玻纹，孵化前变为黑色。幼虫与小地老虎相似，其老熟幼虫体长 33~43mm，体黄褐色，体表颗粒不明显，有光泽，多皱纹。腹部背面各节有 4 个毛片，前方 2 个与后方 2 个大小相似。臀板中央有黄色纵纹，两侧各有 1 个黄褐色大斑。腹足趾钩 12~21 个。蛹体长 16~19mm，红褐色，腹部末节有臀刺 1 对，

腹部背面第5~7节刻点小而多。

生活习性：成虫昼伏夜出，在高温、无风、空气湿度大的黑夜最活跃，有较强的趋光性和趋化性。产卵前需要丰富的补充营养，能大量繁殖。喜产卵于低矮植物近地面的叶上。

幼虫：一般以老熟幼虫在土壤中越冬，越冬场所为麦田、绿肥、草地、菜地、休闲地、田埂以及沟渠堤坡附近。一般田埂密度大于田中，阳面田埂大于阴面。3~4月间气温回升，越冬幼虫开始活动，陆续在土表3天左右深处化蛹，蛹直立于土室中，头部向上，蛹期20~30天。4~5月为各地化蛾盛期。幼虫共6龄。越冬代幼虫出现于8月下旬至翌年4月下旬。卵期6天。1~6龄幼虫历期分别为4天、4天、3.5天、4.5天、5天、9天，幼虫期共30天。卵期平均温度18.5°C，幼虫期平均温度19.5°C。

防治方法：清除杂草可消灭成虫部分产卵场所，减少幼虫早期食料来源。除草在春播作物出苗前或1~2龄幼虫盛发时进行。

有条件地区，在地老虎发生后，根据作物种类，及时灌水，可收到一定效果。

田埂面积虽小，却聚积了大量的幼虫。只要铲去3cm左右一层表土，即可杀死很多蛹。铲埂时间以在黄地老虎化蛹率达90%时进行为宜。要在5~7天内完成。

适当调节播种期，可避过地老虎为害。

药剂防治：

(1)拌种。用75%辛硫磷乳油，按种子干重的0.5%~1%浸种，效果良好。

(2)撒施毒土。用20%速灭菊酯1份拌1500~2000份细沙撒施毒杀。

其他防治：用糖醋液诱杀器或黑光灯诱杀成蛾。

病害

01 杨树叶锈病 *Melampsora larici~poputina* Kaleb.

分布范围：全县。

症状：春天杨树展叶期，常可见到树上满布黄色粉堆，形状像黄色绣球花的畸形病芽。严重受侵的病芽经3周左右便干枯，这就是杨树锈病。正常芽展出的叶片受侵后，形成黄色小斑点，以后在叶背面可见到散生的黄色粉堆，即锈病病菌的夏孢子堆。严重时夏孢子堆可联合成大块，且叶背病菌部隆起。

发生规律：于4月上旬5月

初气温升高时病芽便陆续出现。一般病芽比健芽早 1~2 天展开，经 3 周左右便干枯，病芽主要在枯条上部为多。病菌芽陆续出现的时期为 4 周左右，但大量出现主要在 4 月中下旬。由于夏孢子的重复侵染，5、6 月份为发病高峰期。到 7、8 月份，由于气温不断升高，不利于夏孢子的萌发侵染，故病害进入平缓期。到 9 月初，气温逐渐下降，随着枝叶的二次抽发，病害又进入发展阶段，形成第二个发病高分期，

防治方法：

（1）在初春病芽出现时期可以利用病芽颜色鲜艳和形状特殊的特点及时发现并摘除。摘除病芽要早，彻底，并随摘随装入塑料袋中，以防夏孢子扬散。

（2）该时期建议喷洒多菌灵 800 倍液以消灭病芽，辅以摘除病芽或喷药措施可有效地控制病害的发生。在发病期间喷洒 50% 退菌特 500~1000 倍液等，有一定效果。

02 桃褐斑穿孔病 *Cercospora cicumscissa*

分布范围：南华山。

主要为害部位为叶片，也危害新梢和果实。

为害症状：危害桃树叶片、新梢和果实。在叶片两面发生圆形或近圆形病斑，边缘紫色或红褐色略带环纹，大小 1~4mm；后期病斑上长出灰褐色霉状物，中部干枯脱落，形成穿孔，穿孔的边缘整齐。穿孔多时，叶片脱落。新梢、果实染病，症状与叶片相似，均产生灰褐色霉状物。

传播途径：病菌以菌丝体在病叶或枝梢病组织内越冬，翌春气温回升，降雨后产生分生孢子，借风雨传播，侵染叶片、新梢和果实。以后，病部产生的分生孢子进行再侵染。病菌发育温度 7~37℃，适温 25~28℃。低温多雨利于病害发生和流行。

防治方法：

（1）农业防治。选种抗病品种，把果园建在能排能灌的地方，合理密植，科学修剪，使桃园通风透光；配方施肥，避免偏施氮肥，增强树势，提高树体抗病力；清除越冬菌源；秋末冬初结合修剪，剪除病枝、枯枝，清除僵果、残桩、落叶，集中烧毁或深埋；生长期剪除枯枝，摘除病果，防止再侵染；采用果实套袋可以有效减少病果。

（2）药剂防治。在桃树落叶后及春季发芽前，应全园喷 1 次波美 3~5 度的石硫合剂并加入 200~300 倍的五氯酚钠；落花后喷药，常用药剂有 70% 代森锰锌可湿性粉剂 500 倍液，50% 超微果菌灵可湿性粉剂 600 倍液，70% 甲基托布津可湿性粉剂 800 倍液，40% 多丰农可湿性粉剂 500 倍液。以上药剂可轮换用药，每隔 10~15 天用药 1 次。应在发病初期用药和雨前用药。雨多多喷，雨少少喷，遇雨补喷，无雨定期喷药。

03 榆树黑斑病 *Stegophora oharana*

分布范围： 李俊乡、九彩乡。

疾病症状： 多于初夏发病，最初在叶子表面形成近圆形乃至不规则形的褪色或黄色小斑，以后病斑扩大，直径3~10mm，边缘不整齐，并在斑内产生略呈轮状排列的黑色小突起，如同蝇粪，为病原菌的分生孢子盘。雨后或经露水湿润，从盘中排出淡黄色乳酪状的分生孢子堆。

10~11 月间，病斑上出现圆形黑色小粒点，为病原菌的子囊壳，病斑呈疮痂状。每一病叶上的病斑数，由几个到十几个不等，有时几个病斑联合在一起呈不规则形的大斑。

发生规律： 病原菌的子囊壳于 10~11 月发育成雏形，而后即以其在落叶中越冬,来年春季子囊和子囊孢子成熟，在 5~6 月，由此放散子囊孢子，借风、雨水传播而侵染新叶。7~8 月并又形成子囊孢子及分生孢子，进行再次侵染，继续为害叶片。有人认为病菌也可以菌丝在寄主的休眠芽内越冬，并作为初侵染来源。

本病一般发生于春末夏初。外界温，湿度条件与病害发生有很大的关系，通常平均气温在 20°C以上，降雨量多，湿度大的条件有利于病害的发生。

防治方法：

（1）晚秋或初冬时，收集并烧毁落地病叶，消灭越冬病原。在发病初期，结合林木抚育管理，及时剪除发病较重的枝叶，以减少病菌的再次侵染。

（2）在多雨的春季，可实行喷药防治。即于榆树放叶后、子囊孢子飞散前，可用 1% 波尔多液或 65% 可湿性代森锌 500 倍液喷雾防病，每两周一次，连续 2~3 次，可取得良好的防治效果。此外，施用 65% 可湿性福美铁 500 倍液，防病效果亦好。

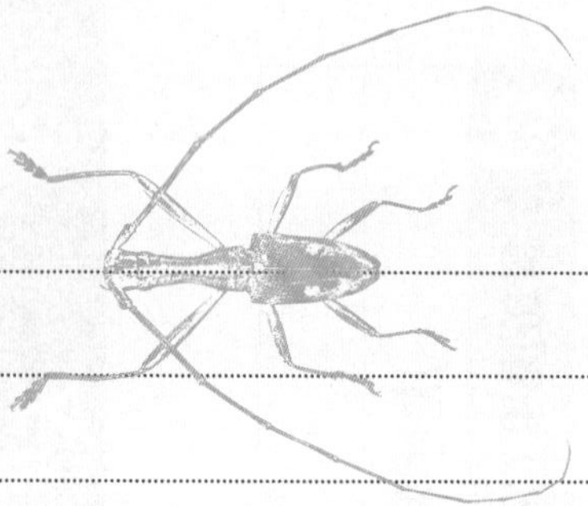

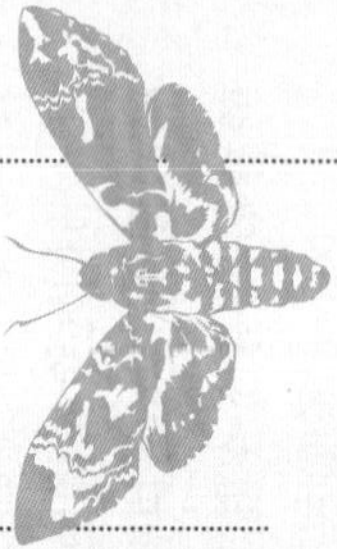

海原县林业非有害生物名录

HAIYUANXIAN LINYE FEIYOUHAI SHENGWU MINGLU

本次普查过程中采集鉴定林地其他昆虫 8 目 24 科 72 种，发现宁夏新记录种昆虫 2 种。

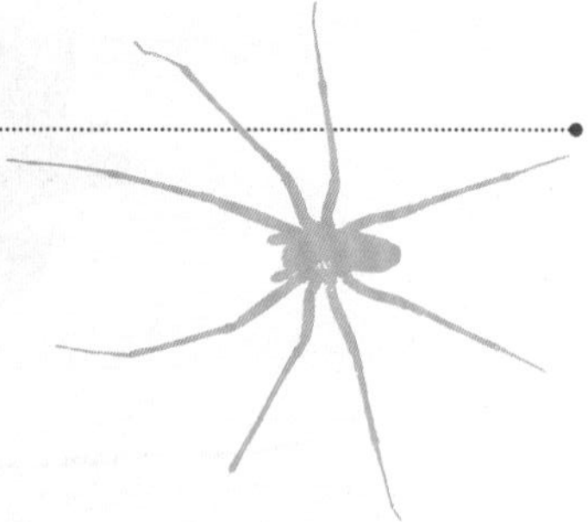

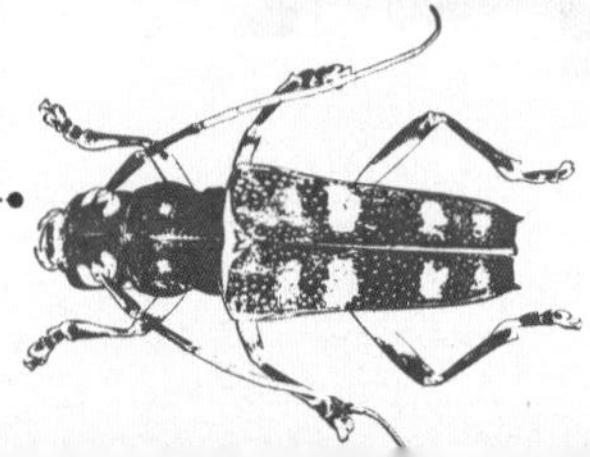

天|敌|昆|虫

鞘翅目

虎甲科 Cicindelidae

01 星斑虎甲 *Cicindela kaleea* Bates, 1866

分布范围：全县。

寄主：捕食多种昆虫。

形态特征：体长 8.5~9.8mm。体和足墨绿色，体背和足部分具铜红色光泽。下颚和下唇须末节和触角基部 4 节均为金属绿色。上唇淡棕色，前缘黑色。头部具细皱纹。上唇近前缘每侧有 3~4 根毛，前缘中央有 1 个尖齿。前胸圆柱形，长宽略等，两侧被白色短毛。鞘翅两侧平行，翅面刻点不密，每翅有 4 个乳白色斑：侧缘中部和端部各有 1 个弯钩形斑，盘区中部有 2 个小斑，后面的 1 个稍大。后胸前侧片，后胸腹板和腹部两侧密被白毛。

生物学习性：有趋光性。能在从城市到乡村的多种生境中见到，经常在河边、土路、空地，有时也会爬到植物上面。

瓢虫科

02 异色瓢虫 *Harmonia acyridis* (Pallas, 1773)

分布范围：全县。

寄主：蚜虫、木虱、粉蚧。

形态特征：体半球形，头后部被前胸背板所覆盖；触角棒状；上颚基部有齿，端部叉状；鞘翅色泽和斑纹变异很大，鞘翅在 7/8 处有 1 条显著横脊，是鉴定该种的重要特征。幼虫体软，色暗，有黄、白斑点，3 个单侧眼，上颚镰刀形，足细长，背部各节有瘤突和刺，腹末较尖，但无尾突。

异色瓢虫的卵在 3~6 天内孵化，整个幼虫阶段和成虫均可捕食蚜虫、介壳虫、木虱、鳞翅目昆虫的卵和小幼虫。成虫寿命较长，可生活几个月，有的长达 1~2 年。大龄幼虫平均每天捕食 100 多只蚜虫，其速度与使用化学农药相当，是很好的生物防治的物种。

生物学特性：捕食菜缢管蚜、豆蚜、棉蚜、高粱蚜、甘蔗蚜、桔蚜、木虱、瘤蚜、粉蚧、松干蚧、绒蚧、螨类等。我国异色瓢虫 1 年发生 2~8 代，代数随纬度的降低而增加。以棉蚜为食物，在室内比较了异色瓢虫在不同温度条件下的全世代发育历期，发现发育历期长短与温度呈反比，24°C时全世代历期为 31.37 天。在实验室条件下，怀卵雌虫每次产卵大约 30 粒，整个生命周期可以累计产卵 1500 粒以上。

异色瓢虫的天敌包括微生物、捕食或寄生性昆虫、哺乳动物、食虫鸟类及蜥蜴等爬行动物等。寄生性天敌基本为昆虫类，主要是寄生蜂、寄生蝇、茧蜂等，可寄生于异色瓢虫的各个虫态。鸟类活动对田间异色瓢虫的种群变化有显著影响。在捕食性昆虫中，蚁类的影响最为重要，蚂蚁对异色瓢虫的攻击行为通常是基于其与一些同翅目昆虫（如蚜虫）协同共生关系所产生的结果。

03 华日瓢虫 *Coccibella ainu* Lewis, 1896

分布范围： 全县。

寄主： 蚜虫。

形态特征： 头胸部黑色，小盾片黑色，鞘翅橘黄红色。每个鞘翅具5黑斑：前缘近基部中央1大黑斑，中部横排2个大黑斑，端部中央1个大黑斑，外侧1个黑斑较小，模糊；鞘翅基部内侧2大黑斑在鞘翅缝基部结合处合并成1大黑斑，近菱形；端部有时有黑边。鞘翅基部在小盾片两侧各有1个黄色浅斑。

04 七星瓢虫 *Coccinella septempunctata* Linnaeus, 1758

分布范围： 全县。

寄主： 蚜虫。

形态特征： **成虫：** 体长5.2~6.5mm，宽4.0~5.6mm。身体卵圆形，背部拱起，呈水瓢状。头黑色、复眼黑色，内侧凹入处各有1淡黄色点。触角褐色。口器黑色。上额外侧为黄色。前胸背板黑，前上角各有1个较大的近方形的淡黄地。小盾片黑色。鞘翅红色或橙黄色，左右两侧各有3个黑点，接合处前方1大的黑斑；翅基部在小盾片两侧各有1个三角形白地。体腹及足黑色。

雌虫: 体长 5.7~7.0mm，宽 4.0~5.6mm，呈半球形，背面光滑无毛。刚羽化时鞘翅嫩黄色，质软，3~4 小时后逐渐由黄色变为橙红色，同时两鞘翅上出现 7 个黑斑点，位于小盾片下方者为小盾斑，小盾斑被鞘缝分割成两半。另外，在每一鞘翅上各有 3 个黑斑，鞘翅基部靠小盾片两侧各有 1 个小三角形白斑。头黑色，额与复眼相连的边缘上各有 1 淡黄色斑。复眼之间有两个个淡黄色小点，有时与上述黄斑相连。触角栗褐色，稍长于额宽，锤节紧密，侧缘平直，末端平截。唇基前缘有窄黄条，上唇、口器黑色，上颚外侧黄色。前胸背板黑色，两前角上各有 1 个近于四边形淡黄色斑。小盾片黑色。前胸腹板突窄而下陷，有纵隆线，后基线分支。足黑色，胫节有 2 个刺距，爪有基齿。腹面黑色，但中胸后侧片白色。第六腹节后缘凸出，表面平整。

雄虫: 第六腹节后缘平截，中部有横凹陷坑，上缘有一排长毛。

卵: 长 1.26mm，宽 0.60mm。橙黄包，长卵形，两端较尖。成堆竖立在棉叶背面。每块卵一般 2~40 粒，最多达 80 粒。

幼虫: 共 4 龄，各龄期的主要特征如下: **一龄:** 体长 2~3mm。身体全黑色。从中胸至第八腹节，每节各有 6 个毛疣。**二龄:** 体长 4mm。头部和足全黑色，体灰黑色。前胸左右后侧角黄色。腹部每节背面和侧面着生 6 个刺疣，第一腹节背面左右 2 刺疣呈黄色，刺黑色。第四腹节背面刺疣黄色斑不显 . 其余刺疣黑色。**三龄:** 体长 7mm。体灰黑色 . 头、足、胸部背板及腹末臀板黑色。前胸背板前侧角和后侧角有黄色斑。腹部第一节左右侧刺疣和侧下刺疣桔黄色，刺黑包。第四节背侧 2 刺疣微带黄色，其余刺疣黑色。**四龄:** 体长 11mm 左右。体灰黑色。前胸背板前侧角和后侧角有桔黄色斑。腹部第一节和第四节左右侧刺疣和侧下刺疣均有桔黄色斑。其余刺疣黑色。

蛹: 体长 7mm，宽 5mm。体黄色。前胸背板前缘有 4 个黑点，中央 2 个呈三角形，前胸背板后缘中央有 2 个黑点，两侧角有 2 个黑斑。中胸背板有 2 个黑斑。腹部第 2~6 节背面左右有 4 个黑斑。腹末带有末龄幼虫的黑色蜕皮。

生物学特性: 成虫可捕食麦蚜、棉蚜、槐蚜、桃蚜、豆蚜、菜蚜、玉米蚜、高粱蚜、介壳虫、壁虱等害虫，可大大减轻树木、瓜果及各种农作物遭受害虫的损害，被人们称为“活农药”，在我国各地广泛分布，俗称“花大姐”“金龟”等。本种分布非常普遍，但是较少成群群聚。

1年多代。以成虫过冬，次年4月出蛰。产卵于有蚜虫的植物寄主上。成虫和幼虫均以多种蚜虫、木虱等为食。系益虫，应予保护。

05 横斑瓢虫 *Coccinella transversoguttata* Faldermann, 1835

分布范围：全县。

寄主：蚜虫。

形态特征：成虫体长5.2~7.0mm，宽4.5~5.5mm。鞘翅褐黄色。头部黑色；复眼黑色，内侧各有1不规则黄色大斑，两斑几相连；口器黑色，触角深褐色。前胸背板黑色，前缘黄色，前角各有1近四边形黄斑，与黄色前缘相连。小盾片黑色，两侧各有浅色横斑，其后有1黑色宽横带，两端轻微前弯，在1/3处外缘附近有1小黑斑，其后方在鞘翅2/3处有1内宽外窄的黑色横斑，有时分为2独立黑斑。腹面黑色，胆中胸后侧片色较浅。足黑色，雄前足槽内白色。鞘翅上的黑斑有时变为11个，即小盾片下鞘翅缝上有1横黑斑，每鞘翅上有5个黑斑，分别位于肩胛、外线的1/3、2/3，中线的1/2、2/3处。最后1列点刻并列在一横线上。过去曾将这一变型定为李斑瓢虫，实际仍为横斑瓢虫。

生物学特性：成、幼虫捕食麦蚜、棉蚜及水稻上的蚜虫。4~6月在不同地区麦田可见到成虫活动。

06 横带瓢虫 *Coccinella trifasciata* Linnaeus, 1835

分布范围：全县。

寄主：蚜虫。

形态特征：成虫体长5.0~5.5mm，宽4.0~4.5mm；体椭圆形。头部、复眼黑色；雄虫颜面黄色，雌虫黑色；复眼内侧各有1大型黄色斑，口器黑色。前胸背板黑色，前角各有1近三角形白色斑，与前缘黄白色带相连。小盾片黑色。鞘翅褐黄色，基部小盾片两侧有白色的横带伸向肩胛、鞘翅上各有3条均匀的近于平行的横斑，基部斑伸达小盾片下相连。腹面黑色，中、后胸后侧片，后胸前侧片末端及第1腹板前角淡黄色。

生物学特性：成、幼虫捕食麦蚜及其他蚜虫。5月下旬至6月成虫在麦田发生，量很少，分布不普遍。

07 多异瓢虫 *Hippodamia variegate* (Goeze, 1777)

分布范围：全县。

寄主：蚜虫。

形态特征：雌虫：体长4.0~4.7mm；宽2.5~3.0mm。头前部黄白色，后部黑色，或颜面有2~4个黑斑，毗连或融合，有时与黑色的后方部分连接。复眼黑色，触角、口器黄褐色。前胸背板黄白色，基部通常有黑色横带向前4叉分开，或构成2个“口”字形斑。小盾片黑色，两侧各有14个黄白色分界不明显的斑。鞘翅黄褐色到红褐色。

两鞘翅上共有 13 个黑斑，除鞘缝上、小盾片下有 14 个黑斑外，其余每一鞘翅上有黑斑 6 个。黑斑的变异很大，向黑色型变异时，黑斑相互连接或部分黑斑相互连接；向浅色型变异时，部分黑斑消失。腹面黑色，仅侧片部分黄白色。足基部黑色，端部褐色。唇基前缘在两前角之间齐平，触角锤节紧密。前胸背板后缘有细窄的边缘。前胸腹板无纵隆线，跗爪中部有小齿。第五腹板后缘舌形，向后突出；第六腹板基部三角形下凹，后缘突出。

雄虫：体较雌虫小。第五腹板后缘全线微凹入；第六腹板基部后缘平截。

幼虫：共 4 个龄期，一龄：体长 1.50mm。体灰白色，头和足黑色。二龄：体长 3mm。体灰白色，头和足黑色。前胸背板中央有 1 条白色纵带。腹部背侧面每节各有 6 个刺疣，第一节侧刺疣和侧下刺疣白色，其余刺疣黑色。三龄：体长 5mm。体灰白色。前胸后缘中央橙黄色。腹部第一节背中刺疣橙黄色，侧刺疣和侧下刺疣白色。腹部第四节背中刺疣与侧刺疣之间白色。四龄：体长 7mm。体灰白色。前胸背板周缘白色，中、后胸之间背中线处有 1 个“+”字形白色纹。腹部带紫色，第一腹节左右侧刺疣和侧下刺疣橙红色。第四腹节背中刺疣和侧刺疣之间白色。

蛹：体长 4mm，宽 3mm。灰黑色。腹部背中线为白色纵纹。前、中胸背纵纹两侧各有 1 个黑斑，黑斑两侧各有 1 个白色斑。翅芽黑色。腹部第 2~5 节背中线两侧有 4 个黑斑。随着蛹的发育，体色加深。腹末有四龄幼虫蜕皮。

生物学特性：捕食棉蚜、槐蚜、麦蚜、豆蚜等多种蚜虫。

步甲科 Carabidae

08 赤胸长步甲 *Dolichus halensis* (Schaller, 1783)

分布范围：全县。

寄主：玉米。

形态特征：体长 17.5~20.5mm；体宽 5.0~7.5mm。复眼间有红褐色横斑；触角、颚须、唇须、前胸背板、小盾片及足黄色或褐色；前胸背板有时黑色，仅边缘黄或红褐色。鞘翅黑色，两鞘翅中央常有一红褐色斑，近似长三角形，自鞘翅基缘伸至翅后部。腹面黄色至黄褐色。头及前胸背板光亮，鞘翅暗，无光泽。头部复眼微微突出，背面无明显颗点，前部两侧有明显凹洼；上颚端部尖锐，颚须及唇须细长，末节端部平截。触角 1~3 节且光亮无毛，4~11 节背绒毛。前胸背板近于方形，长宽接近；表面微背拱，基部两侧各有一凹洼；前角向前下方伸，后角近于圆形；前横沟及背中线明显，背板中央无刻点，侧缘、基缘及基部两侧的凹洼中具有较密的刻点及皱纹。鞘翅狭长，末端窄缩，背面较平坦，每鞘翅除小盾片刻点行外，有 9 行刻点沟，行距平坦。雄虫个体较雌者为小，前跗节基部 3 节略膨大，腹面有毛垫。

生物学特性：行动迅速，昼伏夜出，白天隐蔽在石块下等隐蔽场所。捕食蚜虫、蝼蛄、蛴螬以及夜蛾、螟蛾、粘虫、地老虎等鳞翅目昆虫幼虫。

09 麻步甲 *Carabus brandti* Faldermann, 1835

分布范围：全县。

寄主：蝗虫及鳞翅幼虫。

形态特征：体长 16.0~24.5mm。体黑色。头部密布细刻点；额沟较宽浅，其侧有纵皱纹。上颚宽短而直，内缘中央有 1 个粗大的齿，颚沟有横皱纹。上唇陷于两上颚基部之间；唇基弧形弯曲，前半部中央下凹。前胸背板最宽处在中部之前，盘区密具刻点，后缘有 l 列长黄色毛，覆盖小盾片；前缘弧凹，侧缘弧形，缘边上翘，后缘中部直而两端后弯，后角钝圆略向后突，基凹深圆。鞘翅卵圆形，基缘无脊边，翅面密布大小瘤突，瘤突表面及无粒突之处均密布微细刻点。雄虫前跗节基部 3 节扩大，腹面粘毛棕黄色。

生物学特性：多栖息于丘陵、山地等环境。捕食等鳞翅目昆虫的幼虫，如毛虫、菜青虫等，以及其他昆虫。喜捕食蜗牛。

10 直角婪步甲 *Pterostichus gebleri* (Dejean, 1831)

分布范围：全县。

寄主：蝗虫及鳞翅幼虫。

形态特征：体长 16.0~24.5mm。体黑色。头部密布细刻点；额沟较宽浅，其侧有纵皱纹。上颚宽短而直，内缘中央有 1 个粗大的齿，颚沟有横皱纹。上唇陷于两上颚基部之间；唇基弧形弯曲，前半部中央下凹。前胸背板最宽处在中部之前，盘区密具刻点，后缘有 l 列长黄色毛，覆盖小盾片；前缘弧凹，侧缘弧形，缘边上翘，后缘中部直而两端后弯，后角钝圆略向后突，基凹深圆。鞘翅卵圆形，基缘无脊边，翅面密布大小瘤突，瘤突表面及无粒突之处均密布微细刻点。雄虫前跗节基部 3 节扩大，腹面粘毛棕黄色。

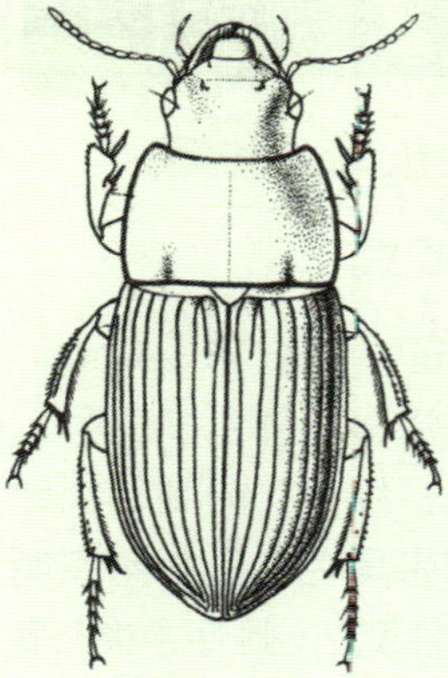

11 考氏肉步甲 *Broscus kozlovi* Kryzhanovskij, 1995

分布范围： 月亮山林场、拐洼林场、灵光寺林场等。

寄主： 鳞翅目幼虫。

形态特征： 体长 17~20mm。体黑色，光亮，腹部腹面略呈红褐色。头部被细皱纹，在复眼内侧形成 2 个纵凹，上唇前缘有 6 根毛，上颚内缘光滑，外缘基部有 1 根长毛。触角长度向后大到前胸后缘，第 1 节粗大，端部具 1 根毛。眉毛 1 根，前胸背板近心形脉两侧中部之前略平行，中部之后收狭，前缘略凹，后缘后突，背面布横皱纹，饰边完整，中纵线明显，前后角各有 1 根长毛。鞘翅长卵形，饰边完整，背面具 9 条刻点行，行间微隆，每侧缘有 6 根长毛。前足胫节凹截，具刺 1 枚，内缘具毛刷。

生物学特性： 捕食鳞翅目幼虫和蛴螬。

12 瓦纹链步甲 *CarabusconciliatorFischervon Waldcheim*

分布范围： 全县。

寄主： 昆虫。

形态特征： 体长 18~24mm。体背黑色，光泽弱；颜色多变异：黑色、铜褐色、绿色；前胸背板绿色；鞘翅青紫带黑色。头部刻点明显。额唇基雄性宽凹，雌性中央凸宽纵带，两次呈对称凹洼。头在复眼后收缩呈颈状，光滑或横皱。前胸背板横阔，侧缘内侧呈凹洼带，前后角钝；盘区刻点密集，中纵脊细光滑，雄虫呈放射皱状。小盾片小三角形，光滑无刻点。鞘翅各具 3 行，有 12~14 个略呈长方形或长椭圆形成串的瘤列，近翅基瘤大而明显，翅端瘤小。行距为 3 条刻点纵脊，带状。雄虫前足跗节基部 4 节明显膨大。

生物学特性： 喜山地、林地等较为潮湿环境。捕食其他小昆虫或小动物。

13 短翅伪葬步甲 *Pseudotaphoxenus brevipennis* Semonov, 1889

分布范围： 全县。

寄主： 鳞翅目。

形态特征： 体长 25~28mm。体黑色光亮。头部微隆光亮。上颚端部尖锐，内缘略直，上唇横宽，前缘毛 6 根。唇基前角各具长毛 1 根，眉毛 1 根。触角之间的头部有 2 个浅纵凹，纵凹间有浅横皱。前胸略呈方形，前后缘凹入平直，前角钝，两侧中部之前最宽，侧缘较宽的上翘，盘区中纵线明显，不达后缘。鞘翅卵形，约为体长的3/5，刻点行9条，刻点浅。前足胫节凹截内长刺1枚，长达胫节端部。

生物学特性：栖息于山地、荒漠等生境。捕食鳞翅目幼虫和蛴螬。

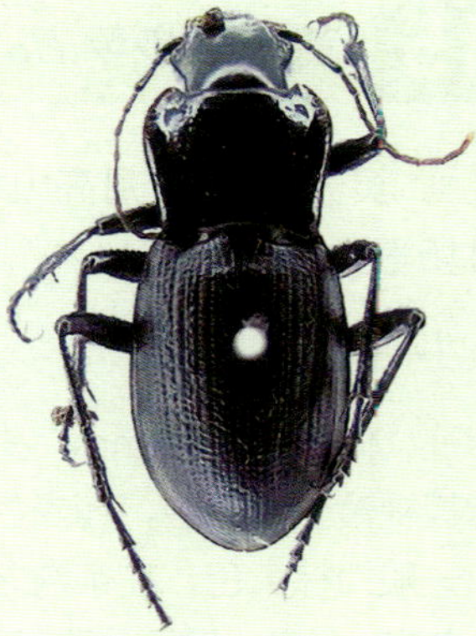

14 蒙古伪葬步甲 *Pseudotaphoxenusmongolicus* (Jedlicka, 1953)

分布范围：全县。

寄主：鳞翅目幼虫。

形态特征：体长14~17mm，瘦长。体暗红色，腹面暗棕色。后头长，触角及复眼内侧纵凹。上颚长，内缘略直。上唇前缘有6根毛，其中中间2根短，唇基前角各有1根长毛，眉毛2根。触角长度向后超过前胸背板后缘。前胸背板宽略大于长，前缘深凹，后缘略直，两侧圆弧形，中部最宽，两侧缘上翘，中纵线明显，且达前后缘。鞘翅长卵形，具9条刻点行，杭江微隆，密布微刻点，行间8、9具21~23个毛穴。足细长，前足胫节端距1每，凹截内有刺1每，毛刷稀疏。

生物学特性：栖息于山地、荒漠等生境。捕食鳞翅目幼虫和蛴螬。

15 黄鞘婪步甲 *Harpalus pallidipennis* Morawitz, 1862

分布范围： 灵光寺林场、月亮山林场、拐洼林场等。

寄主： 小昆虫。

形态特征： 体长 8.0~9.5mm。头部、前胸背板褐黄至黑褐色，鞘翅色变异较大，一般为棕黄色，在条沟之间常有淡色黄斑。触角、足及体腹面棕黄。头部光洁无刻点，眉毛 1 根，额唇基沟细，额沟短，唇基前缘每侧 1 毛。上唇前侧角宽圆，上颚端部弯曲呈镰刀状，外沟深。触角向后达前胸背板基缘。前胸背板前缘后凹，后缘较平直，侧缘稍膨，中部最宽，中前部有毛 1 根；前横沟浅，中沟细，基凹深，盘区光洁，基部刻点密集。鞘翅两侧近平行，末端侧凹较深；基沟直深，外端齿突出；鞘翅条沟深，行距平坦，第 3 行距有 3 毛穴。前胫节外端有 4 个刺，雄虫前跗节膨大，腹面有粘毛。

双翅目 Diptera

食蚜蝇科 Syrphidae

16 长尾管蚜蝇 *Eristalis tenax* (Linnaeus, 1758)

分布范围： 全县。

寄主： 蚜虫。

形态特征： 雄性体长 13mm。复眼暗棕色，被棕色短毛，中间具 2 条深棕色长毛紧密排列形成的纵条纹。头顶黑色，被黑毛。后头部被淡黄色毛。触角暗褐色到黑色。中胸背板黑色，被淡棕色毛，小盾片黄或棕黄色，被同色毛，侧板同背板。后胸腹板被毛。足主要黑色，被浅黄色毛。翅透明，r4+5 脉环状深凹，翅中部具棕褐色到黑褐色斑，部分个体不明显。腹部锥形，基部宽于胸，端部狭圆。第 1 背板暗黑色，第 2、3 背板柠檬黄色，第 2 背板中部具“I”黑斑，第 3 背板后端具倒“T”形黑斑，第 4、5 背板黑色。腹部背板被棕黄色毛。雌性体长 15mm。额中部具浅黄色横粉带，腹部第 2 背板“I”型黑斑较雄性大，第 3 背板前、后缘具狭的黄边，前部两侧具狭长的黄斑。余同雄性。

生物学特性：幼虫为腐食性种类，生活于富含有机质的污水和粪便中。

17 黑带蚜蝇 *Episyrphus balteatus* (De Geer, 1776)

分布范围：全县。

寄主：蚜虫。

形态特征：**雌虫：**长 7~11mm，翅长 6.5~9.5mm。头黑色，被黑色短毛，头顶宽约为头宽的 1/7，单眼区后方密覆黄粉。额大部分黑色覆黄粉，被较长黑毛，端部 1/4 左右黄色。腹部第 5 节背片近端部有一长短不定的黑横带，其中央可前伸或与近基部的黑斑相连。

雄虫：头黑色，覆黄粉，被棕黄毛，头顶呈狭长三角形。额前端有 1 对黑斑。触角桔红色，第 3 节背面黑色。面部黄色，颊大部分黑色，被黄毛。中胸盾片黑色，中央有 1 条狭长灰纹，两侧的灰纵纹更宽，在背板后端汇合。足黄色。腹部第 2 节最宽。侧缘无隆脊。背面大部黄色，第 2~4 节除后端为黑横带外，

较粗长，淡土黄色。背面条纹变化大，有的前端背面县 2 条横的长黑纹，其间还有 2 条短黑纹，背面中部有 2~3 条短黑纹；有的背部具黑色斑纹 6 条，两侧各有 1 条黑斑点，末端呼吸管向后水平伸出。

生物学特性：黑带食蚜蝇在 24°C恒温条件下，各虫态发育历期最短，在 27°C恒温时除蛹期发育较快外，卵和幼虫发育历期均较24°C发育时长，30°C时很少孵化，幼虫和蛹均不能发育，故 27°C左右可视为最高适温界线，30°C接近致死高温。雌雄成虫在飞行中进行交配，交配时间极短，持续约 1 秒钟。交配后雌虫将卵散产于蚜虫聚集的棉花叶片上，一般叶片背面较多。未交配的雌虫所产的卵不能孵化。成虫羽化后需要补充营养，如取食物，寿命 13 天左右；不取食 4 天左右。夏季高温季节，以蛹态进行越夏。一头高龄幼虫每天可取食棉蚜 80 头左右，整个幼虫期可捕食 400 头左右。

近基部还有 1 狭窄黑横带，第 2 背片前黑带约在基部 1/3 处。第 3、4 节横带约在基部 1/4 处。第 4 节后缘黄色，第 5 节全黄色或中央有 l 黑斑。腹面黄色或第 2~4 腹片中央具黑斑。

卵：白色，长椭圆形，长 0.94mm，宽 0.37mm 左右 . 表面具有 1 条密而短的白色纵纹，条纹显着隆起。

幼虫：孵化后 3 天，体淡黄绿色，具短突起，后半部背中可见到体内有黑纹 1 条，两侧有黄白线纹。5 天以后，体淡黄白色，柔软，半透明，体内背中线处有两条较宽的白色纵带，后半部两侧还有较宽的白色条纹，有的在白色条纹中还杂以红色线条。腹的两侧具短刺突。老熟幼虫体长 9mm，宽 2mm。淡灰黄色，后端杂有白色或黑色斑块。后呼吸管短。气门板黄褐色，宽大于长。气门褐色，气门孔白色。

蛹：蛹壳长 6.50mm，水瓢状，末端

18 月斑鼓额蚜蝇 *Scaeva selenitica* (Linnaeus, 1758)

分布范围： 全县。

寄主： 蚜虫。

形态特征： **雌虫：** 体长 12.0~13.5mm，翅长 10.5~11.0mm。复眼被淡色毛。头顶约为头宽的 1/5，被黑毛。额宽略小于头宽的 1/3，黄色，后部 1/4 处黑色，被黑毛，中部 1/3 复黄粉。面黄色，有黑中纹。前、中足腿节基部 1/4 黑色，后足腿节 1/5 黄色，胫节有黑环。腹部第二背片端半部，第三、四背片基半部各有 1 对月形黄斑，第二、三对新月形环斑的内外前角在同一个水平线上，与背板前缘距离相等。

雄虫： 复眼密被黑长毛并有黄色粉。触角基部 2 节棕黄，第三节黑色，仅腹面棕色。中胸盾片黑色，前半部被黄毛，后半部被棕黑毛。小盾片黄色，被黑毛。前、中足主要棕黄色，腿节基部 1/2~1/3 黑色，跗节背面黑色，末节黄色；后足腿节黄色，末端黄色；胫节黄色，中段以远有黑环，跗节黑色。翅透明，R4+5 脉中段弯曲。

生物学特性： 捕食蚜虫，亦采食花粉。

19 八斑长角蚜蝇 *Chrysotoxum octomaculata* Cutris, 1837

分布范围： 全县。

寄主： 蚜虫。

形态特征： 雌性体长 12mm。复眼裸。额、头顶被黑色短毛，后头部被淡黄色短毛。额中部有 1 对四边形白色大粉斑。触角黑色。颜面黄色，被细黄毛。自触角下到口前缘具黑色中条。中胸背板黑色，被棕色短毛，中央有 2 条灰纵纹；背板两侧鲜黄，在横沟后中断。小盾片中央暗黑，被黑毛，周围黄色，被黄毛。中胸上前侧片后部具纵黄斑，腹侧片背部具横黄斑。前足基节上方和后气门上方各有 1 黄斑。足棕黄。翅前缘中部向后有 1 黄斑。腹部长卵形，背板黑色，第 2~5 节各有 1 “八”形黄斑。各节后缘棕黄，中央部分略宽，在第 4、5 节几乎向前伸达背板中部，背板主要被黑短毛。腹面黑亮，第 2 节基半部黄色透明，第 3、4 节基半部各有 1 对黄斑。

生物学特性：捕食蚜虫，亦采食花粉。

20 暗颊美蓝蚜蝇 *Melangyna lasiophthalma* (Zetterstedt, 1843)

分布范围：月亮山林场、拐洼林场、林光寺林场等。

寄主：蚜虫。

形态特征：雄体长 7mm。雄性复眼密被棕黑色毛，头顶被黑毛。触角黑色。中胸背板黑色，具光泽，被棕黄色，小盾片暗黄色，基部前缘及两侧角黑色，被黑色长毛，盾下缨棕黄色，较稀疏。侧板黑色，具光泽，被棕黑色至棕黄色毛，腹侧片上、下毛斑后端宽的分离，后胸腹板裸，后足基节后腹端角具毛簇。足黑色，足主要被黑毛。翅透明，

翅面全部被微毛，无裸区，痣棕黑色，平衡棒黑色。腹部狭卵形，两侧近平行，无边框。腹部背板黑色，侧缘向下。第2~4背板具黄色侧斑，4~5背板后缘狭的黄色，第2背板黄斑近中部，近三角形，第3~4背板黄斑前缘平直，不达背板前缘，内端较狭的分开，后缘角呈圆角状。腹部基部被浅色毛，其余被毛同底色。腹部腹面近透明，暗色。雌性体长8mm。头顶及额亮的青黑色，中部具棕黄色粉斑，颊部暗色，面中突小。胸部侧板被毛浅色，其余同雄性。

生物学特性：捕食蚜虫，亦采食花粉。

21 羽芒宽盾蚜蝇 *Phytomia zonata* (Fabricius)

分布范围：全县。

寄主：蚜虫。

形态特征：体长12~15mm。体粗壮。头部黑色；复眼裸，棕色；触角棕黑色，第3节红棕色，芒黄色，基半部羽状。胸部黑色。密被长的金黄色毛；中胸背板前缘具灰黄色粉被；小盾片后缘具金黄或橘黄色长毛；侧板覆灰棕色粉被。腹部短卵形，第1背板极短，亮黑色，两侧黄色；第2背板黄棕色，有时正中具暗中线；第3、4背板黄色，近前缘各有1对黄棕色较窄横斑；第5背板及尾器黑褐色。

半翅目 Hemiptera

猎蝽科 Reduviidae

22 大土猎蝽 *Coranus magnus* Hsiao et Ren, 1981

分布范围： 全县。

寄主： 昆虫。

形态特征： 体长 16.5~18.0mm，黑色，被灰黄色直立长短毛；触角各节端部、前胸背板后叶、前翅、小盾片两侧略具棕红色；腹部黑色，第 4~7 腹板两侧前缘各具 1 个浅色小横斑；前胸背板前叶两侧较圆，中部有纵沟；后叶长，具粗糙刻点及皱纹；小盾片黑色，具纵脊；前翅不发达或无。

生物学特性： 捕食中、小型昆虫。

23 蠋蝽 *Arma custos* (Fabricius, 1794)

分布范围： 全县。

寄主： 鳞翅目幼虫。

形态特征： 成虫雌虫体长 11.5~14.5mm，体宽 5.0~7.5mm；雄虫体长 10~13mm，体宽 5~6mm。体黄褐或黑褐色，腹面淡黄褐，密布深色细刻点。触角 5 节，第三、四节为黑色或部分黑色。头的中叶与侧叶末端平齐。喙第一节粗壮，只在基部被小颊包围，一般不紧贴于头部腹面，可活动；第二节长度几乎为第三、四节的总长。前胸背板侧缘前端色淡，不成黑带状，侧角略短，不尖锐，也不上翘。雄虫抱器三角形。

卵： 圆筒状，高 1.0~1.2mm，宽 0.8~0.9mm。侧面中央稍

鼓起，上部 1/3 处及卵盖上有长短不等的深色突起，组成网状斑纹。卵盖周围有白色纤毛 11~17 根。初产卵粒为乳白色，渐变米黄色，直至橘红色。若虫初孵若虫为米黄色，复眼赤红色，10 分钟后，头、前胸背板和足渐变为黑色。腹部背面黄色，中央有 4 个大小不等的黑斑，侧接线的节缝具赭色斑点，4 龄后可明显看到 1 对黑色翅芽。

生物学特性: 蠋蝽的发生世代因地区不同而异，在 1 年发生 1~2 代，以成虫在落叶层下越冬。翌年 4 月末 5 月初开始活动，5 月下旬越冬成虫开始产卵，6 月中旬老虫孵化，7 月上旬第一代成虫出现，7 月下旬产卵，8 月上旬若虫孵化，8 月下旬第二代成虫出现，至 10 月上旬开始越冬。常出现世代重叠现象,在 7 月上、中旬能同时见到越冬成虫和第一代成虫。7 月上旬以前产下的卵，可发育完成两代，7 月上旬以后产下的卵，只能完成 1 代。成虫喜爬行，不善飞翔，夏季活动于树林浓阴处捕食各种昆虫。在温度为 25~30°C，相对湿度 70% 左右时，成虫羽化后 7~14 天开始交尾。一生交尾24次左右,最多达31次。交尾后 3~8 天开始产卵。卵多产于叶片和技条上，成双行或多行排列。每卵块有卵数粒至数十粒不等。每雌一生产卵 20 次左右，每次产卵 20~30 粒，平均产卵量为300粒，最多可达570粒。产卵期与产卵量受温度影响很大，低于18°C，高于40°C均不产卵，35°C时越冬成虫仅产数十粒卵即死亡。在20~27°C下产卵期可达100天，平均产卵量为465粒。除温度外，饲料种类也影响产卵量，如用黄粉甲饲养，产卵量仅为以柞蚕蛹饲养的50%左右；而以幼蚕饲养的产卵量更低。在20~27°C下成虫平均寿命（从越冬后算起）为110天；高温下寿命显著缩短，在35°C下仅20天左右。在温度为25~30°C，相对湿度为70%下卵经7天孵化，孵化率在90%左右。若虫共5龄。在25°C下若虫期30天左右，而在30°C下仅21天左右。1龄若虫有群栖性，2龄后开始分散活动。在食物充足时不喜扩散，而在食物缺少时7天后最远可扩散10m左右。若虫的猎物与成虫基本相同。

瘤蝽科 Phymatidae

24 中国螳瘤蝽 *Cnizocoris sinensis* Kormilev, 1968

形态特征： 成虫体长8.5~9.5mm，椭圆形，暗褐色；头具淡色斑点，眼及单眼红色；触角除第3节暗红色外，均为黑褐色；前胸背板中部具3条纵脊，前、侧角尖锐；小盾片端部色淡；革片暗红色；腹部末端中央稍凹入；雌性腹部极宽。

分布范围： 月亮山林场、拐洼林场、林光寺林场等。

寄主： 小型昆虫。

生物学特性： 捕食中、小昆虫。

姬蝽科 Nabidae

25 泛希姬蝽 *Himacerus apterus* (Fabricius, 1798)

分布范围：月亮山林场、拐洼林场、林光寺林场等。

寄主：小型昆虫。

形态特征：体长 9.0~12.0mm，狭长；暗赭色，被淡色短毛；头背面暗褐色；触角第 2 节及各足胫节具淡色环斑；前胸背板梯形，横沟明显；小盾片黑色，具 1 纵带；前翅革片淡，膜片较暗；腹部黑褐色光亮，侧接缘各节端部具红褐色斑。

生物学特性：捕食蚜虫、飞虱、鳞翅目低龄幼虫及卵等小型昆虫。

26 淡色姬蝽 *Nabis palifer* (Seidenstucker, 1954)

分布范围：全县。

寄主：小型昆虫。

形态特征：体长 6.5~8.0mm；土黄色，被短细毛；触角 4 节，第 1 节粗，长于由眼后缘至头顶的距离；喙伸达中胸腹板中部；前胸背板梯形，中部具 1 条深色纵带，横沟明显，前端两侧具云状纹，后缘有 4~6 条模糊地纵带；小盾片黑色，两侧具黄斑；前翅稍超过腹部末端，前翅有 3 个模糊的褐斑，革片翅脉明显，膜片灰色，纵脉明显；足具许多黑色斑纹。

生物学特性：捕食蚜虫、飞虱、鳞翅目低龄幼虫及卵等小型昆虫。

脉翅目 Neuoptera

蚁蛉科 Myrmeleontidae

27 中华东蚁蛉 *Eurolcon sinicus* (Navds, 1930)

分布范围：全县。

寄主：鳞翅目幼虫。

形态特征：体长 24~32mm，前翅长 25~34mm，后翅长 23~32mm。头部黄色多黑斑，额大部分为黑色，唇基中央有 1 大黑斑，下颚须短小，下唇须很长且末端膨大；触角黑色；头顶有 6 个大黑斑，中间两个被中沟略分开，后头也有黑斑。胸部黑褐色，前胸背板两侧及中央各有 1 黄色纵纹，近端部还有 1 对小黄点；中、后胸则几乎全为黑褐色。腹部黑色，第四节以后各节后缘有细黄边。足基节黑色，转节黄色，腿节和胫节黄褐色有黑斑，跗节除第一节为黄色外，其余均为黑色，胫节端距细而直，仅伸达第一跗节末端。翅透明，有许多小褐点；翅痣黄色，翅脉大部为黑色，间杂有黄色部分。前翅的褐斑约十余个，主要

分布在 Sc 与 R 间的横脉上有 4~5 个，M 与 Cu 间的横脉上有 6~7 个，排成两列；此外，在翅后缘中部还有 1 个；后翅则褐斑很少。

生活习性：静止时四翅并不平展也不合竖于背上，而是前翅覆盖于后翅上，左右靠近夹持腹部呈屋脊状。成虫和幼虫多陆生，均为捕食性，捕食蚜虫、蚂蚁、叶螨、蚧虫等软体昆虫及各种虫卵。蚁蛉的幼虫叫蚁狮，体粗状，腹背隆起，身上

多毛，上颚发达，长而弯且内侧有齿。在砂土地做漏斗状穴，埋藏于穴底只露出头端，等待有小虫落入夹住食之。对于控制昆虫种群、保持生态平衡具有重要意义。近几十年来，我国和世界上许多其他国家都已将脉翅目昆虫成功地应用于害虫的生物防治。

资｜源｜昆｜虫

蜚蠊目 Blattaria

地鳖科 Polyphagidae

28 中华真地鳖 *Eupolyphaga sinensis* Walker, 1868

分布范围： 全县。

寄主： 腐殖质。

形态特征： 雌虫体近黑色，身体扁平，椭圆形，背部稍隆起似锅盖。体长 30~35mm，体宽 25~30mm。背面赤褐色至黑褐色，稍有灰蓝色光泽。头小，隐于前胸下，口器咀嚼式，触角丝状，黑褐色；复眼大，呈肾形。雄虫前翅具褐色网状斑纹，前足胫节具端刺 8 个，中刺 1 个，中刺位于胫节下缘。腹部 9 节，第一腹板被后胸背板所掩盖。前、中、后足的跗节都是 5 节。

生物学特性： 中华真地鳖喜欢在阴暗潮湿、腐殖质丰富、稍偏碱性的松土中活动。它们有较强的避光性，习惯昼伏夜出，白

天隐伏在潮湿的松土中，到黄昏时才出来活动、觅食、交配。地鳖虫无自卫能力，一旦发觉有响动和或亮光，便立即潜逃，假若逃之不及而被捕捉，便会立即装死。

中华真地鳖的生长发育很受温度的影响，最适宜的温度是 26~32°C，若超过 38°C，就会使中华真地鳖难以安宁，若低于 17°C，活动就会减少，生长缓慢，若低于 7°C就会冬眠，一旦低于零下 5°C就会冻死。

利用价值: 中华真地鳖由于具有蛋白质含量高、蛋白纤维少、营养成分易被人体吸收、繁殖指数高、适于工厂化生产、资源丰富等优点，如今已成为理想的亟待开发的新蛋白资源。中华真地鳖是一味传统的名贵中药（土元：干燥或新鲜全虫入药），经北京市食品源研究所检测，其蛋白质含量高达 63.55%，脂肪含量 16% 左右，其中不饱和脂肪酸含量占 65.95%，丰富的钙、磷及维生素 D 对骨骼具有良好的营养作用。有活血散瘀、解毒消疳、利水消肿等功能。主治症瘕积聚、小儿疳积、脚气、水肿、疔疮肿毒、蛇虫咬伤，治疗妇科常见病和多发病。

膜翅目 Hymenoptera

蜜蜂科 Apidae

29 中华蜜蜂 *Apis cerana* Fabricius, 1793

分布范围: 全县。

寄主: 访花。

形态特征: 雌虫体长 13~16mm。体被浅黄色毛；单眼周围及颅顶被灰黄色毛。颜面、触角鞭节及中胸黑色；上唇、上颚顶端、唇基中央三角形斑、触角柄节及小盾片均黄色；头部前端窄小；唇基中央稍隆起；上唇长方形。小盾片稍突起；后足胫节呈三角形，扁平；后足跗节宽且扁平；后翅中脉分叉。足及腹部第 3~4 节红黄色；第 5~6 节色较暗，各节上均有黑环带。雄虫 10~13mm。

生物学特性: 中华蜜蜂飞行敏捷，嗅觉灵敏，出巢早，归巢迟，每日外出采集的时间比意大利蜂多2~3小时，善于利用零星蜜源。造脾能力强，喜欢新脾，爱啃旧脾；抗蜂螨和美洲幼虫腐臭病能力强，但容易感染中蜂囊状幼虫病，易受蜡螟危害；喜欢迁飞，在缺蜜或受病敌害威胁时特别容易弃巢迁居；易发生自然分蜂和盗蜂；不采树胶，分泌蜂王浆的能力较差；蜂王日产卵量比西方蜜蜂少，群势小。

30 红毛熊蜂 *Bombus ignitus* Smith

分布范围：月亮山林场、拐洼林场、林光寺林场等。

寄主：访花。

形态特征：**雌虫：**体长20~22mm。毛致密。头顶、颜面胸部、腹部第1~3节背板、足被黑毛。腹部第4~6节被橘红色毛。触角第3节长为第4节1.5倍，唇基横宽，表面具密集刻点。后足花粉蓝表面光滑。腹部第六节背板稍凹陷。

雄虫：体长约15mm。似雌蜂。

生物学特性：采访植物有向日葵、葡萄、胡枝子、锦葵、月季、榆叶梅、黄刺玫、菊科、蔷薇科等。

鞘翅目 Coleoptera

粪金龟科 Geodtrupidae

31 粪堆粪金龟 *Geotrupes stercorarius* (Linnaeus)

分布范围： 全县。

寄主： 腐败有机质。

形态特征： 体长 15.5~22.0mm，宽 9.8~12.0mm。体长椭圆形，背面圆拱黑色，有或强或弱的铜绿和紫铜色闪光。触角鳃片部栗色泛黄，密被柔短绒毛；鳃片部中间节明显小短，且不完整。唇基长大近菱形，密布致密刻纹；中纵略呈脊形后端隆凸似小圆丘。额中部凹陷呈纵沟。前胸背板阔大，四周有边框；前缘边框高阔。

皮金龟科 Trogidae

32 祖氏皮金龟 *Trox zoufali* Balthasar, 1931

分布范围： 牌路山林场、月亮山林场、拐洼林场等。

寄主： 腐败有机质。

形态特征： 体长 5.5~5.8mm。体狭长椭圆形，黑褐色。头面微弧隆，密布浅圆刻点，具弱弯弧形脊线，脊线前刻点多具淡黄短毛；唇基表面刻纹杂乱，有少数浅黄短毛。前胸背板短阔，均匀密布具毛圆浅刻点，前侧角锐而前伸，后侧角钝，侧缘略钝，最宽处在中点之后，侧后缘均匀列短弱片状毛，盘区隆拱，两侧较宽的上翘，中纵有前浅后略深的浅纵沟，沟侧后部各有 1 长圆浅凹。小盾片光滑，舌形。前足腿节扩大呈圆柱形。鞘翅刻点沟深显，沟间带宽，有成列毛丛。

生物学特性： 成、幼虫均以食粪为生。

埋葬甲科 Silphidae

33 尸葬甲 *Necrodes littoralis* (Linnaeus, 1758)

分布范围： 月亮山林场、拐洼林场、林光寺林场等。

寄主： 动物尸体。

形态特征： 体长 16~18mm。体黑色。头从背面观呈“凸”字形，密布小刻点，触角不达前胸背板后缘，地第 2 节约为第 3+4 节之和，1~9 节黑色，10~12 节棕黄色，第 8 节开始渐变横宽。前胸背板呈横椭圆形，光亮具小刻点，基部两侧有浅纵凹。小盾片呈阔三角形，布刻点。。鞘翅宽卵形，肩胛发达，每鞘翅隆脊 3 条，行间密布刻点，第 2，3 条在鞘翅后 1/3 处内折。

其｜它｜昆｜虫

直翅目 Orthoptera

槌角蝗科 Gomphoceridae

34 宽须蚁蝗 *Myrmeleotettix palpalis* (Zubovski, 1900)

分布范围： 全县。

寄主： 禾本科植物。

形态特征： 成虫体形短小。雌雄两性触角丝状，顶端明显膨大，但不呈锤状。头侧窝狭长呈四角形。下腭须的顶端节较宽，顶端呈切面，长度为其宽的1.5~2倍。前胸背板侧隆线在沟前区颇弯曲，在沟后区较分开。雄性前翅不到达或稍不到后足股节的项端，雌性前翅不到达后足股节的顶端。前翅前缘较直，基部不扩大，向端部逐渐弯狭。中脉域的最宽处约等于肘脉域最宽处的1.5~2倍。鼓膜孔呈狭缝状。雄性体长10.4~13.1mm，前翅长6.4~7.2mm；雌性体长11.3~17.7mm，前翅长6.4~9.2mm。卵囊呈近圆柱状并略弯曲，上部略细于下部，长约10.8~15.6mm，中部直径约为2~2.5mm，下部较粗，直径约为2.3~3mm，平均2.7mm，卵囊外壁的胶质较硬，卵囊内上部为淡褐色泡沫状物质，约占卵囊全长的三分之一，其下部为卵室，内含卵4~6粒，平均5粒。卵粒规则的排列两行，卵粒直立或略微倾斜。卵粒长约4mm，直径约0.9mm。

生物学特性： 1年1代，以卵在土中越冬。一般年份，最早孵化出现在5月中旬，孵化盛期约在5月中、下旬。最早羽化在6月中旬，羽化盛期在本月下旬和7月上旬。产卵初期约在6月下旬，盛期在7月。成虫可生活到8、9月份。在青海、甘肃地区，宽须蚁蝗4月中旬开始孵化，5月中、下旬开始进入孵化盛期。6月中下旬开始进入羽化,经15~20天开始交配,7月中、下旬进入产卵期,8月下旬开始进入产卵末期。雌蝗可产卵囊2~3块。雄性成虫交配后在20天左右随即死亡,产卵后的雌虫亦可经20天左右即死亡。宽须蚁蝗多发生在高山草原,山地草原以及山间盆地(如新疆的巴里坤)和荒坡草滩(如内蒙古的武川)等植被比较稀疏而干旱的地带。常喜发生栖息在大麦草、早熟禾、芨芨草、针茅等禾本科植物占优势的地带。植被覆盖度低于莎草科草场也有其分布,当发生数量较大时,常可严重危害牧草,特别在一些农牧交错地区和大面积草场中的零星农田,常可遭到严重危害。据观察,宽须蚁蝗喜食禾本科的燕麦、小麦等,豆科的苜蓿、三叶草、草木樨,十字花科的油菜,菊科的蒲公英、紫菀、沙蒿以及莎草科的苔草、蒿草等。

斑腿蝗科 Catantopidae

35 短星翅蝗 *Calliptamus barbarus* (Costa, 1836)

分布范围: 全县。

寄主: 牧草。

形态特征: 雄成虫体长13~21mm,雌25~32mm;雄前翅长7.8~12mm,雌者14~20mm。身体褐色至暗褐色。前翅短,仅达或几达后足股节的顶端、翅上有许多黑色小点;后翅黄褐色。头大,却短于前胸背板;触角短,仅为前胸背板的长度或稍超过;前胸背板有明显的中纵隆线及侧隆纹,其间3条纵沟明显,仗后横沟割断中隆线。雄性腹部末节背板的后缘无尾片;雌性产卵瓣短粗,顶端钩形,外缘无细齿。

生物学特性: 年发生1~2代,以卵在上中过冬。此虫为杂食性,馋食豆类及禾本科植物。

斑翅蝗科 Oedipodidae

36 亚洲小车蝗 *Oedaleus decorus asiaticus* (Bey-Bienko)

分布范围： 全县。

寄主： 牧草。

形态特征： 亚洲小车蝗雌虫体长约35mm，前翅长约33mm，雄虫较小，体长25mm，前翅长18mm。全体褐色带绿色，有深褐色斑。头、胸及翅上的黑褐斑纹很鲜艳。前胸背板中部明显缩狭，有明显的“X”纹，图纹在沟前区与沟后区等宽。前胸背板侧片近后部有倾斜的淡色斑，前翅基半部有2~3块大黑斑，端半部有细碎不明显的褐斑。后翅基部淡黄绿色，中部有车轮形褐色带纹。后足腿节顶端黑色，上侧和内侧有3个黑斑，胫节红色，基部的淡黄褐色环不明显，上侧常混红色。

37 红翅皱膝蝗 *Angaracris rhodopa* (Fischer~Walheim, 1836)

分布范围： 全县。

寄主： 灌丛，禾草。

形态特征： 体长：雄性23~29mm，雌性28~32mm。前翅长：雄性23~31mm，雌性23~32mm。后足股节长：雄性12~14mm，雌性14~17mm。蝗蝻雌、雄性均4龄。1龄触角9~13节，体长5.09（4.26~6.22）mm，后股节长3.49（3.14~3.90）mm。2龄触角12~17节，体长7.25（6.20~9.52）mm，后股节长4.39（3.52~4.92）mm。3龄触角17~20节，体长10.76（8.20~13.62）mm，后股节长6.57（5.82~7.00）mm。4龄触

角 20~24 节，体长 16.98 (12.82~23.64) mm，后股节长 9.51 (8.62~12.94) mm。体中型。前胸背板前端较狭，后端宽，中隆线明显，被 2 个横沟所切断；侧隆线在沟后区明显，沟前区为横沟切断或断续粒状，背板上具粗糙粒状突起和斜、纵短隆线；背板前缘较平，中部突起，后缘直角形。前翅较长，超过后胫节的中部，后翅略短于前翅，前缘呈“S“形弯曲。后足股节粗短，胫节外侧具刺 9 个，内侧 11~13 个，无外端刺。体浅绿或黄褐色，上具细碎褐色斑点。头、胸、前翅绿色，腹部褐色。后足股节外侧黄绿色，具不太明显的 3 个暗色横斑，内侧橙红，具黑色斑 2 个，近端部具 1 黄色膝前环；外侧上膝侧片褐色，内侧黑色。后足胫节橙红或黄色。前翅密具细碎褐色斑点。后翅透明，基部翅脉红色，第 2 翅叶的第 1 纵脉粗，黑色，轭脉红色。卵卵囊圆柱状，无盖、壁薄，略弯曲，长 22mm，孢沫状物为棕色，呈蜂窝状不规则的多角体。卵粒部约占卵囊长的 1/3，直径 3.5~5.5mm，卵粒斜排或直立，4 粒一排，4~6 排，每一卵囊含卵粒 16~27 粒，平均 17 粒。卵粒棕褐色，表面具鱼网状刻纹，网眼有针状突起，卵粒大小为 6.1mm×1.6mm。

生物学特性: 1 年 1 代，以卵在土中越冬。一般年份，最早孵化在 5 月中旬，孵化盛期在 6 月上旬，羽化最早约在 7 月上旬，7 月下旬进入羽化盛期，8 月上、中旬开始产卵。10 月中、下旬地面仍可见到成虫。各虫(龄)态历期：蝗蝻 1 龄为 16.8 天(14~21 天)，2 龄 15.6 天(12~18 天)，3 龄 16.1 天(12~18 天)，4 龄 20.0 天(13~23 天)，成虫寿命雄性为 48.0 天(31~61 天)，雌性为 42.9 天(31~53 天)。红翅皱膝蝗喜食纤维素含量低的菊科、蔷薇科和百合科等阔叶草植物，亦取食禾本科牧草。各龄蝗蜻平均日食量：1 龄为 2.29mg，2 龄 6.66mg，3 龄 20.05mg，4 龄 57.54mg，成虫日食量，雌性为 158.45mg，雄性 63.45mg。蝻期总食量约 1.62g，成虫期约为 5.20g。雄性日食量的最高值(153.91mg)出现在羽化初期，雌性的高峰值(256.33、274.66mg)出现在羽化初期和产卵前期。皱膝蝗喜栖息于傍山坡地和比较干旱、土壤沙质大、植被稀疏的草地上。据观察，卵的孵化对土壤温度的要求，各年间较为一致，如孵化始期，距地面 5cm 土层的旬平均土温为 9.9~10.5°C，孵化盛期，旬平均土温为 12.1~13.5°C。

防治方法： **综合措施：** 根据各种类型草原蝗区的特点，结合草原建设，因地制宜地采取各种综合措施，改变蝗虫发生的生态环境。

机械防治： 3CXH~220 型吸蝗虫机，工作效率 1.3~1.7km²/h，在草层高度 15~45cm 的放牧地和打草地上吸捕率平均为 86.7%，其防治效果与化学防治接近，防治成本仅为化学防治的一半，且不污染环境，对益虫杀伤力小。

生物防治： ⑴ 养鸡灭蝗；⑵ 人工筑巢招引益鸟治蝗；⑶ 蝗虫微孢子灭蝗。

药剂防治： 常用药剂有 5% 高效氯氰菊酯、25% 溴氰菊酯。飞机超低容量喷雾。

38 黄胫小车蝗 *Oedaleus infernalis* Saussure, 1884

分布范围： 全县。

寄主： 禾本科等牧草。

形态特征： 雄虫体长 23~28mm，翅长 22~26mm；雌虫体长 30~39mm，翅长 27~34mm。体绿色或黄褐色。前后翅发达，常超过后足股节。后翅基部淡黄色，中部具有到达后缘的暗色窄带纹；雄性后翅顶端呈褐色。雌性后足股节的底侧及胫节黄褐色，而雄性的股节底侧为红色，又胫节基部常沾有红色。头短，颜面垂直或微向后倾斜。复眼卵圆形。触角丝状，到达或超过前胸背板后缘。前胸背板中部略窄，中胸腹板侧叶间的中隔较宽。

生物学特性： 1 年发生 1 代，以卵在土中过冬。主要发生在山区坡地。成虫与若虫均危害禾本科的小麦、水稻等作物及牧草。

39 黄胫异痂蝗 *Bryodemella holdereri holdereri* (Karuss, 1901)

分布范围： 全县。

寄主： 禾本科植物。

形态特征： 体中型。头顶宽短。前胸背板屋脊形，中隆线尖锐，后缘锐角形到直角形。前翅发达，常到达后足胫节中部。后翅与前翅等长。后足股节上隆线平滑；膝侧片顶圆形。体黄褐、暗褐或绿褐色。前胸背板“X”形纹在沟后区宽于沟前区部分。前翅暗色横斑明显，在前缘处具 2 个淡色三角形斑。后翅基部淡黄色，基部主要脉不染有蓝色，中部暗色带纹到达或不到达后缘，翅顶暗色。后足股节底侧或黄色。后足胫节红或黄色。

网翅蝗科 Arcypteridae

40 白纹雏蝗 *Chorthippus albonemus* Cheng et Tu, 1964

分布范围： 全县。

寄主： 小麦、禾本科植物。

形态特征： 雄性体中小型。头大而短，较短于前胸背板。头顶锐角形。颜面稍倾斜。触角细长，超过前胸背板后缘，中段一节的长为宽的 1.3~2.0 倍。复眼卵形，其纵径为眼下沟长度的 1.5~1.8 倍。前胸背板平坦，中隆线明显，侧隆线亦明显，并在沟前区呈钝角形凹入；后横沟位于背板中部，沟前区与沟后区几等长；前缘平直，后缘钝角形。中胸腹板侧叶间中隔较宽，其最狭处等于或略小于侧叶的最狭处。前翅发达，顶端几到达腹部末端；缘前脉域及肘脉域常不具闰脉；中脉域的宽度几等于或略大于肘脉域的宽度。后翅与前翅等长。后足股节内侧下隆线具音齿 122(±8) 个。鼓膜孔呈狭缝状，其最狭处小于其长度的 5.5~9 倍。尾须短锥形，基部较宽。体色深褐色或草绿色。前胸背板具明显的黄白色“×”形纹，沿侧隆线具黑色纵带纹。前翅中脉域具一列大黑斑，雌性前缘脉域具白色纵纹。后足股节内侧基部具黑斜纹，上侧在中、后部各具宽斜暗色纹，上隆线具 6~8 个黑点。后足胫节橙黄色或黄褐色。

41 异色雏蝗 *Chorthippus biguttulus* (Linnaeus, 1758)

分布范围：全县。

寄主：灌丛、禾本科等牧草。

形态特征：体中小型。头短于前胸背板。前胸背板中隆线明显，侧隆线几直，近平行，在沟前区稍凹；后横沟在背板中部穿过，直；雄性中横沟不明显，不切断侧隆线；后缘圆弧形。前翅发达，超过后足股节的顶端。雄性肛上扳三角形；尾须短锥形，不超过肛上板的顶端；下生殖板短锥形；阳茎复合体之色带连片基部具凹陷。雌性产卵瓣短，外缘光滑无齿。体绿色、褐绿色、褐色或暗褐色。后足股节内侧具暗色斜纹；后足股节上膝侧片暗色。后足胫节橙黄色。

剑角蝗科 Acrididae

42 中华剑角蝗 *Acrida cinerea* (Thunberg, 1815)

分布范围：全县。

寄主：玉米、高粱、豆类等。

形态特征：**雄性：**体型中等，头顶宽短，顶钝。眼间距宽度为触角间颜面隆起宽的 1.5~2.0 倍。头侧窝明显，宽平，具粗大刻点，在头顶顶端相距较远。颜面侧观向后倾斜，颜面隆起较宽平，在触角基部间的宽度，约等于触角第一节宽度的 3 倍。复眼小，卵形，复眼纵径为横径的 1.5~1.6 倍，而与眼下沟等长或略长于眼下沟。触角丝状，到达前胸背板后缘。前胸背板宽平，侧隆线间最宽处颇大于最狭处；沟前区长度大于沟后区。前翅发达，超过后足股节顶端，翅顶宽圆。前翅肘脉域宽，其最宽处为中脉域最狭处的 5 倍。后足股节下膝侧片顶端圆形。肛上板长三角形，侧缘中部向上卷起；下生殖板锥形；阳具基背片冠状突向上突起，桥部平浅。

雌性：体型较雄性大，较粗壮。头顶钝而宽短。头侧窝宽平，具大刻点。颜面隆起较宽，在触角基部的宽度，约等于触角第一节宽度的 4 倍，颜面隆起在中单眼之下消失。触角丝状，不到达前胸背板后缘。前胸背板后横沟较直，中部略向前突出。前翅略超过后足股节的中部，翅顶狭圆；亚前缘脉域中部较宽，肘脉域宽，约为中脉域宽的两倍。产卵瓣粗短。

体色体暗黄褐色。前胸背板侧隆线处具淡色纵纹。后翅几乎全部为黑褐色。后足股节内下侧红色。内侧具三个黑色横斑，外侧具明显淡色膝前环，膝部黑色。后足胫节红色，基部黑色，近基部具淡色环。

雌虫成虫体长 50~81mm，雄虫为 31~60mm。均为绿色或褐色。体形细长中华剑角蝗，头圆锥状，明显长于前胸背板，颜面强烈向后倾斜。触角剑状。前翅发达，端部尖，后翅淡绿色。后足股节及胫节绿色或扁担勾褐色。

鳞翅目 Lepidoptera

眼蝶科 Satyridae

43 仁眼蝶 *Hipparchia autonoe* (Esper, 1784)

分布范围：拐洼林场、月亮山林场、涵养林总场等。

寄主：不详。

形态特征：中型，前翅长 26~30mm，棕褐色。亚缘至中域有宽黄斑带，由后翅向外渐失。前翅黄斑域内有 2 个黑色斑，斑内有白点。反面有中域线带，线内色较深，近臀角有 1 个小黑色眼斑。

仁眼蝶背面

仁眼蝶腹面

44 寿眼蝶 *Pseudochazara hippolyte* (Esper, 1784)

分布范围：拐洼林场、月亮山林场、涵养林总场等。

寄主：不详。

形态特征：中型，前翅长 26~31mm，翅浅褐色，外缘有黄斑域，后翅向外渐失，前翅黄斑域内有黑圆斑 2~3 个，斑内有白点，后翅近臀角处有黑眼 1 个。

寿眼蝶背面

寿眼蝶腹面

45 阿芬眼蝶 *Aphantopus hyperanthus* (Linnaeus)

分布范围： 全县。

寄主： 草类。

形态特征： 中小型。展翅 4~5cm，翅褐色；反面眼斑比正面清楚；前翅三个眼斑；后翅五个眼斑，前两个眼斑位于中线处，后三个位于亚外缘处，中线内侧色较深；雄蝶性比雌蝶色深。

生物学特性： 发生期 6~8 月，1 年 1 代。成虫喜欢在阴暗的林下活动，飞行速度缓慢，常采取跳跃式飞翔，从海拔 800~2300m 都能见其活动，发生期数量很多。成虫发生于 6 月中旬至 8 月中旬。成虫不访花，喜欢吸树汁。飞行路线不规则，常活动于林缘及林间阴处。

阿芬眼蝶背面

阿芬眼蝶腹面

46 玄裳眼蝶 *Satyrus ferula* Fabricius

分布范围：拐洼林场、月亮山林场、涵养林总场等。

寄主：不详。

形态特征：中大型。褐色，前翅亚缘 4~5 个白斑，隐约可见 2 个黑框；有时清晰并围有黄环，中间 2 斑极小无黑框，反面色浅，有边缘线和中域线。前翅 2 眼斑大而黑，反面翅臀角具 1 小黑点。

玄裳眼蝶背面

玄裳眼蝶腹面

粉蝶科 Pieridae

47 菜粉蝶 *Pieris rapae* Linnaeus, 1758

分布范围：全县。

寄主：十字花科蔬菜。

形态特征：成虫：体长 12~20mm，翅展 45~55mm，体黑色，胸部密被白色及灰黑色长毛，翅白色。雌虫前翅前缘和基部大部分为黑色，顶角有 1 个大三角形黑斑，中室外侧有 2 个黑色圆斑，前后并列。后翅基部灰黑色，前缘有 1 个黑斑，翅展开时与前翅后方的黑斑相连接。常有雌雄二型，更有季节二型的现象。随着生活环境的不同而其色泽有深有浅，斑纹有大有小，通常在高温下生长的个体，翅面上的黑班色深显著而翅里

菜粉蝶背面

菜粉蝶腹面

的黄鳞色泽鲜艳；反之在低温条件下发育成长的个体则黑鳞少而斑型小，或完全消失。

卵：竖立呈瓶状，高约 1mm，初产时菜粉蝶淡黄色，后变为橙黄色。菜青虫是菜粉蝶的幼虫。幼虫共 5 龄，体长 28~35mm，幼虫初孵化时灰黄色，后变青绿色，体圆筒形，中段较肥大，背部有一条不明显的断续黄色纵线，气门线黄色，每节的线上有两个黄斑。密布细小黑色毛瘤，各体节有 4~5 条横皱纹。

蛹：长 18~21mm，纺锤形，体色有绿色、淡褐色、灰黄色等；背部有 3 条纵隆线和 3 个角状突起。头部前端中央有 1 个短而直的管状突起；腹部两侧也各有 1 个黄色脊，在第二、三腹节两侧突起成角。体灰黑色，翅白色，鳞粉细密。前翅基部灰黑色，顶角黑色；后翅前缘有一个不规则的黑斑，后翅底面淡粉黄色。

生物学特性：菜粉蝶各地普遍发生，各地年生代数不同。各地均以蛹越冬。越冬场所多在受害菜地附近的篱笆、墙缝、树皮下、土缝里或杂草及残株枯叶间。在北方，翌年 4 月中、下旬越冬蛹羽化，5 月达到羽化盛期。羽化的成虫取食花蜜，交配产卵，第一代幼虫于 5 月上、中旬出现，5 月下旬至 6 月上旬是春季为害盛期。2~3 代幼虫于 7~8 月出现，此时因气温高，虫量显著减少。至 8 月以后，随气温下降，又是秋菜生长季节，有利于此虫生长发育。所以 8~10 月是 4~5 代幼虫为害盛期，秋菜可受到严重为害，10 月中、下旬以后老幼虫陆续化蛹越冬。

菜粉蝶成虫白天活动，尤以晴天中午更活跃。成虫多产卵于叶背面，偶有产于正面。

散产，每次只产1粒，每头雌虫一生平均产卵百余粒，以越冬代和第一代成虫产卵量较大。初孵幼虫先取食卵壳，然后再取食叶片。1~2龄幼虫有吐丝下坠习性，幼虫行动迟缓，大龄幼虫有假死性，当受惊动后可蜷缩身体坠地。幼虫老熟时爬至隐蔽处，先分泌黏液将臀足粘住固定，再吐丝将身体缠住，再化蛹。菜粉蝶发育最适温为20~25°C，相对湿度76%左右。在适宜条件下，卵期4~8天；幼虫期11~22天；蛹期约10天(越冬蛹除外)；成虫期约5天。

危害特点：幼虫咬食寄主叶片，2龄前仅啃食叶肉，留下一层透明表皮，3龄后蚕食叶片孔洞或缺刻，严重时叶片全部被吃光，只残留粗叶脉和叶柄，造成绝产，易引起白菜软腐病的流行。菜青虫取食时，边取食边排出粪便污染。幼虫共5龄，3龄前多在叶背为害，3龄后转至叶面蚕食，4~5龄幼虫的取食量占整个幼虫期取食量的97%。

防治措施：

物理防治：（1）在板蓝根田内套种甘蓝或花椰菜等十字花科植物，引诱成虫产卵，再集中杀灭幼虫；秋季收获后及时翻耕。（2）清洁田园，十字花科蔬菜收获后，及时清除田间残株老叶和杂草，减少菜青虫繁殖场所和消灭部分蛹。深耕细耙，减少越冬虫源。(3)注意天敌的自然控制作用，保护广赤眼蜂、微红绒茧蜂、凤蝶金小蜂等天敌。在绒茧蜂发生盛期用每克含活孢子数100亿以上的青虫菌，或Bt可湿性粉剂800倍液喷雾。

生物防治：在幼虫2龄前，药剂可选用Bt500~1000倍液，或1%杀虫素乳油2000~2500倍液，或0.6%灭虫灵乳油1000~1500倍液等喷雾。

化学防治：（1）低龄幼虫发生初期，喷洒苏芸金杆菌800~1000倍液或菜粉蝶颗粒体病毒每亩用20幼虫单位，对菜青虫有良好的防治效果，喷药时间最好在傍晚。（2）幼虫发生盛期，可选用20%灭幼脲悬浮剂800倍液、10%高效灭百可乳油1500倍液、20%杀灭菊酯2000~3000倍液、21%增效氰马乳油4000倍液等喷雾2~3次。

蛱蝶科 Nymphalidae

48 大网蛱蝶 *Melitaea scotosia* Butler

分布范围：全县。

寄主：菊科植物。

形态特征：翅展 47~60mm。翅橙黄褐色，斑纹黑色，外缘黑褐色，其亚缘有波状纹。前翅中室基部有一长形环纹，中部有“8”字形纹，端部又有“O”字形黑褐色纹，合成“80”字样。中室外各室有斑纹 2 个，在翅中部相连成一黑带，近似“之”字型。后翅中室有一倒“u”字形纹，周围有细线组成的网状纹，翅中央有 2 列较大的斑横带。黑色端带内侧为 l 列橙黄色新月形斑和 1 条波状细纹。前翅反面色淡，顶角黄白色，斑纹同前。后翅灰黄色，近基部和亚端区各具 l 条橙黄色横带，两侧有暗褐色新月形边纹，其他斑纹基本同正面。

大网蛱蝶背面

大网蛱蝶腹面

49 灿福蛱蝶 *Fabriciana adippe* Linnaeus, 1758

分布范围：全县。

寄主：堇菜科。

形态特征：翅面橙黄色，有黑色斑纹；雄蝶前翅中室有 4 条弯曲的条纹，亚缘区有一列黑色圆斑，共 6 个；后翅中室有 2 条黑色斑纹，亚缘区有黑色圆斑 5 个；雌蝶翅面色淡，前翅顶角处有银斑。虫体大小为翅展 65~70mm。

灿福蛱蝶背面

灿福蛱蝶腹面

50 卵珍蛱蝶 *Clossiana euphrosyne* Linnaeus

分布范围：月亮山林场、拐洼林场、涵养林总场等。

寄主：不详。

形态特征：小型。后吃反面基后部具 1 卵状眼斑，中域白斑列中间也有 1 明显长卵形银斑。

卵珍蛱蝶背面

卵珍蛱蝶腹面

51 网密蛱蝶中朝亚种 *Mellicta dictynna erycina* Lederss

分布范围：全县。

寄主：车前属、玄参属。

形态特征：中小型。翅脉与横线黑色较宽，组成网状，后翅基半部黑化，后翅发面中域双排斑列，亚外缘橘黄斑列中无黑点。

生物学特性：1 年 1 代。6 月中旬至 7 月中旬出现成虫。

网密蛱蝶中朝亚种背面

网密蛱蝶中朝亚种腹面

52 云豹蛱蝶 *Nephargynnis anadyomene* (C. & R. Felder)

云豹蛱蝶背面

云豹蛱蝶腹面

分布范围： 全县。

寄主： 堇菜科。

形态特征： 翅橙黄色，除两翅基部外满布黑色圆斑，外缘脉端的斑菱形。雄蝶前翅 Cu2 脉上有 1 条黑褐色性标。翅反面色淡，前翅中室有3 个黑色纹，中室外有 2 大 1 小黑斑，中室后有 5 个黑斑；后翅无黑斑，端半部淡绿色，有灰白色云状纹，中部 4 个暗色斑中有白色小点。

灰蝶科 Lycaenidae

53 伊眼灰蝶 *Polyommatus icarus* (Rottemburg, 1775)

分布范围： 月亮山林场、拐洼林场、涵养林总场等。

寄主： 不详。

形态特征： 小型略大，前翅长 13~14mm，较同类都大，雌雄异色。雄虫浅蓝到紫蓝色，有黑缘边白色，较同类黑缘都小，无其他斑纹。雌虫蓝褐色，中基部有闪蓝，翅亚缘有潜在的桔黄圆斑列。反面基本同多眼灰蝶，只是个体大，雌虫正面有闪蓝，反面黑点斑有白色环，为该种形态的主要特征。

伊眼灰蝶背面

伊眼灰蝶腹面

54 中银灰蝶内蒙亚种 *Glaucopsyche semianguspeiktusani* Subsp

分布范围：月亮山林场、拐洼林场、涵养林总场等。

寄主：不详。

形态特征：小型。雌雄异色。雄蝶蓝色、褐色、浅蓝色、暗青色无其他斑纹；雌蝶暗褐色，有些个体前翅中域有微红状域分布，翅反面前翅中域斑列，较同种类少 2 点。褐色为本种形态特征之一。

中银灰蝶内蒙亚种背面

中银灰蝶内蒙亚种腹面

夜蛾科 Noctuidae

55 霉裙剑夜蛾 *Polyphaenis oberthuri* Staudinger

分布范围：灵光寺林场、拐洼林场、涵养林总场等。

寄主：不详。

形态特征：体长 17mm，翅展 39mm。头部与胸部霉绿色杂黑色，下唇须外侧黑色杂白色，翅基片内缘有 1 黑纵线；前翅霉绿色，布有黑细点，基线与内线均双线黑色，波浪形，

霉裙剑夜蛾

剑纹瘦长，黑边，肾纹褐色，内缘黑，中线黑色，后半波浪形，外线双线黑色，锯齿形，亚端线微黑波曲；后翅杏黄色，基部黑褐色，后缘一黑褐窄条，端区一黑褐宽带，其内缘在中褶及亚中褶处内突，翅外缘中段的缘毛黑褐色，其余杏黄色。

56 钩白肾夜蛾 *Edessena hamada* Felder et Felder

分布范围：灵光寺林场、拐洼林场、涵养林总场等。

寄主：不详。

形态特征：体长 17mm 左右；翅展 40mm 左右。全体灰褐色；前翅内线暗褐色，肾纹白色，后半向外折而突出，外线暗褐色波浪形，亚端线暗褐色，波浪形，两线曲度相似；后翅横脉纹暗褐色，后半为 1 个白点，外线暗褐色，微外弯，亚端线暗褐色。

钩白肾夜蛾

57 克袭夜蛾 *Sidemia spilogramma* (Rambur, 1871)

分布范围：灵光寺林场、拐洼林场、涵养林总场等。

寄主：不详。

形态特征：体长约 20mm，翅展 45~47mm。头胸灰褐色。前翅灰褐色带霉绿色。基线、内横线、外横线均双线黑色，基线、内横线波浪

克袭夜蛾

形，外横线锯齿形；剑纹浅褐色；环、肾纹灰黑色，有白环及黑边；中横线黑色；亚缘线微白，内侧衬黑点；外横线至亚缘线段前缘脉具3白点。后翅白色，翅脉及端区灰褐色。腹部浅黄灰色。

58 麦奂夜蛾 *Amphipoea fucosa* (Freyer, 1830)

分布范围：全县。

寄主：禾草。

形态特征：前翅长14.0~17.0 mm；头、胸部黄褐色；前翅黄褐色：基线褐色；内线双线，褐色，波浪形；剑纹小，暗褐色；环纹黄色，具褐色边；肾纹黄色，带锈红色；中线褐色、外线双线褐色；亚端线细；端线褐色；后翅灰褐色，端区色暗。

麦奂夜蛾

59 平影夜蛾 *Lygephila lubrica* (Freyer, 1846)

分布范围：灵光寺林场、拐洼林场、涵养林总场等。

寄主：不详。

形态特征：前翅长20.0~22.0mm；头部及颈板黑色，胸部黄褐色；前翅黄褐色，密布黑色短细纹，翅前缘具黑褐色斑；外线外方暗褐色；内线黑褐色；肾纹黑色；亚端线灰色；外缘具1列黑点；后翅黄褐色，端区黑褐色，缘毛黄色。

平影夜蛾

60 绒粘夜蛾 *Leucania velutina* (Eversmann, 1846)

分布范围： 全县。

寄主： 杂草。

形态特征： 前翅长 22.0mm；头、胸部灰褐色；前翅淡灰褐色，翅脉灰白色，除前缘区外，各脉间黑褐色；亚中褶基部具 1 黑纵纹；横脉纹周围黑色；外线为 1 列锯齿形斑，不明显；亚端线外侧有 1 列锯齿形黑斑；端线黑色；后翅褐色，端区色暗。

绒粘夜蛾

61 清隘夜蛾 *Autophila cataphanes* (Hübner, [1813])

分布范围： 牌路山林场、灵光寺林场等各林场。

寄主： 不详。

形态特征： 前翅长 18.5~20.0mm；头、胸部淡灰褐色；前翅淡灰褐色，密被暗褐色鳞片；基线仅前缘脉上现 1 黑纹；内线黑色，波浪形，在中室处不显；中线黑色，波浪形；外线黑色波浪形，前半部外弯；亚端线黑色，锯齿形；端线为黑点；后翅黄白色，外线暗灰色，端区带色暗。

清隘夜蛾

62 碧金翅夜蛾 *Diachrysia nadeja* (Oberthür, 1880)

分布范围： 全县。

寄主： 蓼科、菊科。

形态特征： 体长 17~18mm，翅展 37~40mm。头淡褐色，胸黄褐色，腹部淡黄褐色。前翅褐色具大型金斑。基线褐色，波浪形，内区褐色；亚外缘线断续褐色，与即系间为金绿色带闪光；中室至前缘中部为褐色三角形，其后缘中部具 1 近半圆形褐色；翅外缘为褐色。后翅灰黄褐色。

63 壶夜蛾 *Calyptra bicolor* Moore

分布范围： 全县。

寄主： 幼虫取食唐松草；成虫吸食橘、桃、梨、葡萄果汁。

形态特征： 体长 18~22mm，展翅 42~48mm。体黄褐色，前翅黄褐色，有褐色细纹。顶角有 1 紫褐线向内斜至中部，中横线、外横线间为内斜深宽带，亚外缘线褐色小锯齿状。后翅黄褐色，基部色浅，端半部色深。

64 塞妃夜蛾 *Drasteria catocalis* (Staudinger, 1882)

分布范围： 牌路山林场、灵光寺林场等各林场。

寄主： 不详。

形态特征： 体长17mm，翅展40mm。头胸部褐色；腹部黄灰色；前翅淡褐色，密布黑棕色细点，基线双线黑棕色，波浪形达亚中褶，内线双线褐色波浪形，线间黑棕色；中线细，暗褐色；肾纹黄灰色，黑边，弯钩形；外线黑棕色，锯齿形，外侧暗褐色；亚端线灰黄色，内侧衬暗褐色，具几个黑棕色齿纹，锯齿形达2脉，内弯，端线黑色；后翅淡黄褐色，翅脉褐色，横脉纹黑色，亚端区1黑色褐曲带，2~5脉端具1黑棕色椭圆斑。

65 白线缓夜蛾 *Eremobia decipiens* (Alphéraky, 1895)

分布范围： 月亮山林场、拐洼林场、涵养林总场等。

寄主： 不详。

形态特征： 体长18mm左右，翅展41mm左右。头黑褐色，头顶杂灰色有白纹，颈板褐色，中部白色有黑线；胸部褐色杂白色，有黑点；腹部褐色有灰褐色毛；前翅灰褐色，基线白色内侧衬黑色，在中室处明显外凸，内线白色锯齿形，环纹斜窄，白边；肾纹白边，外线白色细锯齿形，内侧衬黑色；亚端线白色，内侧衬黑色；端线为1列黑点，缘毛具1列白点；后翅淡褐色，外线暗褐色，亚端线粗，暗褐色，外侧内侧衬白色。

66 旋岐夜蛾 *Discestra trifolii* (Hüfnagel, 1766)

分布范围：全县。

寄主：灰藜、刺蓬、洋葱等。

形态特征：前翅长14.0~16.5mm；头、胸部灰褐色，颈板中部有1黑横线。前翅灰褐色，基线、内线均为波浪形，黑色；剑纹短小；环纹圆形，灰黄色，具黑边；肾纹大，具黑边；亚端线土黄色；在M-Cu脉间形成大锯齿；端线为1列黑点；后翅灰白色，翅脉及端区暗褐色。

67 缪狼夜蛾 *Dichagyris musiva* (Hübner, 1803)

分布范围：月亮山林场、拐洼林场、涵养林总场等。

寄主：蒲公英、野南芥等。

形态特征：体长15mm左右，翅展40mm左右。头胸部淡褐色，腹部灰褐色。前翅褐色带紫，外线以内前缘区灰黄色，中室基部后方具1黑棕色三角形斑；内线双线褐色波浪形，仅中室后可见；环纹灰黄色“V”形；肾纹黑灰色，浅黄色边；内线以外中室黑棕色；中线暗褐色，模糊；外线双线暗褐色，细波浪形；亚端线隐约可见，色淡，前端内侧具1黑棕色纹，缘毛褐色；后翅淡褐色，基部较白。

68 黄条冬夜蛾 *Cucullia biornata* Fishche de Waldheim, 1840

分布范围：月亮山林场、拐洼林场、涵养林总场等。

寄主：不详。

形态特征：前翅长 21.0~22.5mm；头部黄褐色；胸部灰白色；前翅褐黄白色，翅脉黑棕色，亚中褶及中室外半部明显淡黄色，亚中褶基部有 1 黑纵线；端区各脉间有褐线细纵线；后翅灰白色，端区色暗。

69 灰褐狼夜蛾 *Ochropleura ignara* (Staudinger, 1896)

分布范围：月亮山林场、拐洼林场、涵养林总场等。

寄主：不详。

形态特征：前翅长 16.5~17.5mm；头部灰色；胸部淡黄褐色；前翅灰褐色，布有黑色细点；基线黑色波浪形；内线黑色波浪形，前缘较粗；中线黑色，前半粗，锯齿形，后半细；外线黑色，不连续；亚端线黑色；端线为 1 列黑点；缘毛基部黑褐色,端部黄白色;后翅灰黑色，缘毛黄白色杂暗灰色。

70 窄干纹夜蛾 *Staurophora tenuis* (Warren, 1910)

分布范围：月亮山林场、拐洼林场、涵养林总场等。

寄主：不详。

形态特征：体长16mm左右，翅展40mm左右。头胸部粉绿色，颈板及翅基片边缘棕色。胸毛簇深棕色；腹部灰褐色；前翅粉绿色，中部具1树干形棕褐色窄斑纹，在中室处中断，各斑纹衬以白色；翅基部具1褐斑，中褶、臀角各具1三角形褐斑，翅外缘及缘毛棕色。后翅褐色。

71 冬麦异夜蛾 *Protexarnis confinis* (Staudinger, 1881)

分布范围：月亮山林场、拐洼林场、涵养林总场等。

寄主：赖草等。

形态特征：体长18~21mm左右，展翅48~51mm左右。头部及胸部淡褐色；前翅淡褐色，基线黑色波浪形达1脉，内线黑色波浪形，在中线为二内凸齿，环纹及肾纹不显著或黑边，中线隐约可见，外线黑色，锯齿形，尖端为黑点，亚端线隐约可见，端线为一列黑点；后翅淡褐色，缘毛黄白色。

双翅目 Diptera

蛀科 Tabanidae

72 牧村虻 *Tabnus makimyra* Ouchi

分布范围： 月亮山林场、拐洼林场、涵养林总场等。

寄主： 家畜、人。

形态特征： 体长 18~19mm。灰黑色。额灰白，高为基宽 5 倍。基胛圆柱形，两侧与复眼分离，上端具细沿线，达额高 1/2，亚胛、颊、颜灰白色。触角基部 2 节棕色，第 3 节棕红色，末端亚节黑色。背缘突近直角。颚须第 2 节淡棕色，长约为宽 5 倍。胸部背板及小盾片暗灰色，具 3 灰色纵纹。足黄色。腹部背板暗灰黄色，5~7 节黑色，中央具不明显灰色纵纹。

中文名索引

海原县林业有害生物

二画

三画

四画

五画

六画

七画

海原县林业非有害生物

十画以上

拉丁名索引

海原县林业有害生物

A

B

C

D

E

G

H

L

M

O

P

R

S

T

U

V

X